大数据运维图解教程

程显毅　孙丽丽　宋　伟　编著

清华大学出版社
北　京

内 容 简 介

大数据平台运维是大数据应用人才培养的基本技能之一。本书讲解了大数据平台运维过程中的各个主要阶段及其任务，主要包括安装部署、优化监控、架构原理、生态系统、运维工具等。本书内容全面，涵盖了 Hadoop 生态绝大部分组件的运维，兼顾基础理论与运维实践经验。主要特色是将知识点凝练到图形中，通过视觉记忆，看图联想，理解知识点的含义和知识点之间的联系，以达到长时记忆、学以致用的目的。通过 800 多道习题，加强系统性和实践指导性。本书按照国家"1+X"大数据平台运维职业技能等级标准编写，可作为"1+X"职业技能等级证书配套教材，可作为《大数据导论》《大数据运维》的课程教材，同时也适合有意向从事大数据应用工作的广大学习者和爱好者阅读。

图书在版编目（CIP）数据

大数据运维图解教程 / 程显毅，孙丽丽，宋伟编著．—北京：清华大学出版社，2022.7
ISBN 978-7-302-61426-5

Ⅰ．①大…　Ⅱ．①程…　②孙…　③宋…　Ⅲ．①数据处理—图解　Ⅳ．①TP274-64

中国版本图书馆 CIP 数据核字（2022）第 134066 号

责任编辑：贾小红
封面设计：秦　丽
版式设计：文森时代
责任校对：马军令
责任印制：丛怀宇

出版发行：清华大学出版社
网　　　址：http://www.tup.com.cn，http://www.wqbook.com
地　　　址：北京清华大学学研大厦 A 座　　　邮　　编：100084
社 总 机：010-83470000　　　邮　　购：010-62786544
投稿与读者服务：010-62776969，c-service@tup.tsinghua.edu.cn
质量反馈：010-62772015，zhiliang@tup.tsinghua.edu.cn
印 刷 者：北京富博印刷有限公司
装 订 者：北京市密云县京文制本装订厂
经　销：全国新华书店
开　　本：185mm×260mm　　　印　　张：14　　　字　　数：332 千字
版　　次：2022 年 8 月第 1 版　　　印　　次：2022 年 8 月第 1 次印刷
定　　价：59.00 元

产品编号：094396-01

前　言

　　大数据在这个"互联网+人工智能+云"时代的重要意义已经无须赘述。过去人们只关注大数据分析、大数据可视化、大数据产品开发，但现在随着大数据生态的逐渐完善，如何保障大数据的安全、高效，如何保证平台架构的平稳运行，成了各数据平台的"心病"。

　　于是，大数据运维这个岗位一跃成为大数据领域的热门岗位。很多公司会让开发工程师来兼大数据运维的工作，这对开发人员来说也是不小的挑战。

　　相比大数据开发，大数据运维岗位需要更多的经验积累，例如，什么架构才能支撑这个数据量、什么资源配置才能满足分析需求，这些问题都需要实际接触过、操作过才能给出答案，而不是靠理论或者猜测就能解决。

　　早期大数据运维人才非常紧缺，很多公司从大数据立项到大数据平台构建，再到整个大数据项目的流程开发以及后期大数据项目的运维，都是由大数据开发人员完成的。但随着公司数据越来越多，业务越来越复杂，大数据集群规模越来越大，大数据团队也越来越大，由大数据开发人员进行大数据项目的运维这种早期短平快、粗放式、简单无序的方式已经满足不了大数据平台的维护工作。此时就迫切地需要专业的大数据运维人才负责大数据平台的运维、监控和安全。

　　大多数人印象中的运维就是跑机房、装系统、安装网络等一些杂活。但实际上大数据运维工作已经变得非常重要，运维人员的分工也更加精细化；规模稍微大一点的公司都会将运维细分为系统运维、应用运维、数据库运维和安全运维。

　　当技术发展到大数据、云计算时代，出现了阿里云、腾讯云以及华为云之后，低层次的初级运维将会越来越少，中级层次的运维也会逐步被淘汰，高层次的大数据运维的需求量则将日益增长。高层次的大数据运维则需要考虑大数据平台架构的设计，大数据平台的自动化、智能化管理等。这其实是要求传统运维人员在大数据面前改变思维、承担更多的工作责任，不但要保障大数据平台的稳定、高效运维以及切实安全，还要具备大数据平台架构的设计能力，所以一个优秀的大数据运维工程师应该具备做大数据架构师的潜力。

　　大数据运维跟传统运维既密切相关又大不相同。传统运维面对的底层软硬件基本稳固，大数据运维面对的是商用硬件和复杂的 Linux 版本；传统运维面对的系统架构以单机架构为主，大数据运维则面对复杂的分布式架构；传统运维大多维护闭源商业版系统，而大数据运维则通常面对开源系统，文档手册匮乏。大数据运维对自动化工具的依赖大大增加。总而言之，大数据运维是"大数据平台+海量数据"。

　　那么，大数据运维到底需要具备哪些技能呢？如图 0-1 所示。

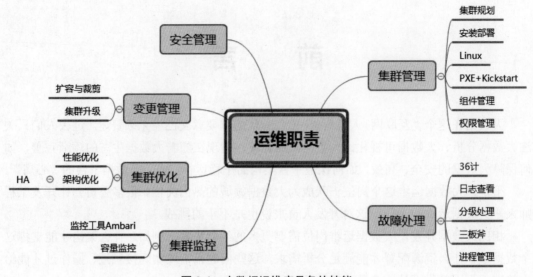

图 0-1 大数据运维应具备的技能

本书围绕大数据运维技能，通过图解方式和讲练结合的方式讲解知识点。本书特色如下。

（1）按照国家"1+X"大数据平台运维职业技能等级标准编写。

（2）通过 200 多张图，用视觉记忆，看图联想，理解知识点的含义和知识点之间的联系。

（3）通过 800 多道习题，加强系统性和实践指导性，收集了大量面试必备的问题。

（4）知识覆盖面广，主要包括大数据基础、分布式集群、Hadoop 生态、组件架构与原理、组件部署与优化、集群运维工具与技巧等。

大数据技术发展迅猛，对许多问题作者并未做深入研究，一些有价值的新内容也来不及收入本书。加上作者知识水平和实践经验有限，书中难免存在不足，敬请读者谅解。

编 者

2022 年 2 月

目　　录

第 1 章

大数据运维概述

1.1 从大数据说起

1.1.1 大数据产生、影响及挑战

1. 基础知识

1）大数据产生的历史必然

（1）数据产生方式的变革促成了大数据时代的来临。

数据产生方式经历了被动产生→主动产生→自动产生 3 个阶段，如图 1.1 所示。

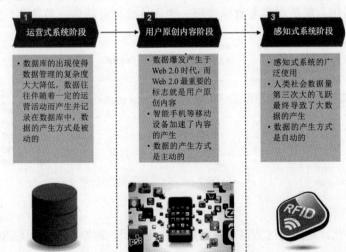

图 1.1　数据产生方式的 3 个阶段

（2）云计算是大数据诞生的前提和必要条件。

在云计算出现之前，传统的计算机无法处理如此大量的"非结构数据"。以云计算虚拟化技术为基础的信息存储、分享和挖掘手段，可以便宜、有效地将这些大量、高速、多变化的终端数据存储下来，并随时进行分析与计算，如图 1.2 所示。

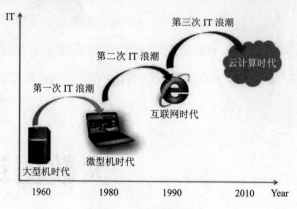

图 1.2　云的发展历程[①]

基于以上两点，大数据的出现是历史的必然。

2）3 次信息化浪潮

3 次信息化浪潮，如表 1.1 所示。

表 1.1　3 次信息化浪潮

阶　段	发 生 时 间	标　　志	解 决 问 题	代 表 企 业
第一次	1980 年前后	个人计算机	信息处理	Inter、苹果、联想
第二次	1995 年前后	互联网和移动通信	信息传输	Google、百度、腾讯
第三次	2010 年前后	物联网、云计算和大数据	信息获取	谁是未来赢家

3）大数据带来的五大转变

（1）管理方式：业务数据化→数据业务化。

① 业务数据化，就是对业务数据建模，使业务处理自动化、算法化，如图 1.3 所示。

图 1.3　业务数据化

② 数据业务化，是指通过数据可视化展现业务逻辑，洞察业务的问题和趋势，如图 1.4

① 图片来源：https://www.chinastor.com/yunjisuan/0F42D42011.html

所示。

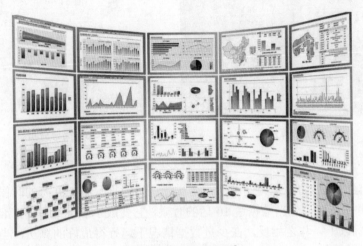

图 1.4　数据业务化①

（2）研究范式：第三范式→第四范式。

图灵奖得主吉姆·格雷（Jim Gray）于 2007 年在 NRC-CSTB（National Research Council-Computer Science and Telecommunications Board）大会上，提出将科学研究分为 4 种范式，依次为实验科学、理论科学、计算科学和数据科学，如图 1.5 所示。其中，数据密集型科学发现，也就是现在人们所称的"数据科学"。

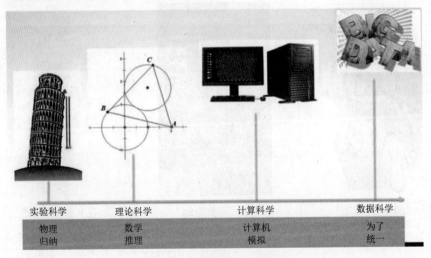

图 1.5　科学研究 4 种范式

从图 1.5 可以看到，第四范式与第三范式，都是利用计算机来进行计算，二者有什么区别呢？现在大多科研人员，可能都非常理解第三范式，这就是先提出可能的理论，再收集数据，然后通过计算来验证。而基于大数据的第四范式，则是先有了大量的已知数据，然后通过计算得出之前未知的理论。

（3）计算方式：复杂算法→简单分析，如图 1.6 所示。

---

① 图片来源：https://www.douban.com/photos/photo/2263697166/

（a）复杂算法①　　　　　　　　（b）简单分析②

图 1.6　计算方式简单化

Google 以自然语言的识别为例做了一个实验：当数据只有 500 万的时候，有一种简单的算法表现的并不理想，但当数据达 10 亿的时候，它变成了表现最好的，准确率从原来的 75%提高到 95%以上。与之相反，在少量数据情况下运行得最好的算法，当加入更多的数据时，也会像其他算法一样有所提高，但是却变成了在大量数据条件下运行得不是最好的。所以，数据多比数据少好，更多的数据比更复杂的算法系统重要。拥有海量数据只需进行简单的分析，其决策作用胜过复杂的算法。

（4）决策方式：经验驱动→数据驱动。

经验驱动容易犯错误，因果驱动容易错失良机，数据驱动能揭示世界真相，因此数据驱动将成为一种新的决策方式，如图 1.7 所示。

（a）经验驱动③　　　　（b）因果驱动④　　　　（c）数据驱动⑤

图 1.7　决策方式数据化

（5）思维方式：整体思维+相关思维+容错思维。

① 整体思维。整体思维就是根据全部样本中得到的结论，进一步接近事实的真相。

② 相关思维。相关思维要求只需要知道"是什么"，不需要知道"为什么"。在这个不

---

① 图片来源：https://www.163.com/dy/article/DKRDM8V10528JTQU.html

② 图片来源：https://www.sohu.com/a/227312954_120672

③ 图片来源：https://zhuanlan.zhihu.com/p/113278790

④ 图片来源：https://www.sohu.com/a/399404342_120690061

⑤ 图片来源：https://www.sohu.com/a/400102270_120054107

确定的时代，等找到准确的因果关系，再去办事的时候，这个事情早已经不值得办了。

③ 容错思维。实践表明，只有 5% 的数据是结构化且能适用于传统数据库的。如果不接受容错思维，剩下 95% 的非结构化数据都无法被利用。

4）大数据对社会的影响

（1）广告投放更精准。

精准广告投放，就是说广告可以精准投放到匹配用户那里。举个比较简单的例子，若所投的广告是婴儿用品，那它只会展示给有孩子或者有该方面需求的人。

一般情况下，线上都是通过大数据筛选出精准用户的，然后将这些精准用户匹配到广告上，这样可以大大提高广告的转化率，避免浪费。例如，推啊、广告管家这类平台目前都能实现精准广告投放。

基于大数据的广告在向着"猜透用户心思"的方向不断努力。

基于大数据广告投放的一般原则如图 1.8 所示。

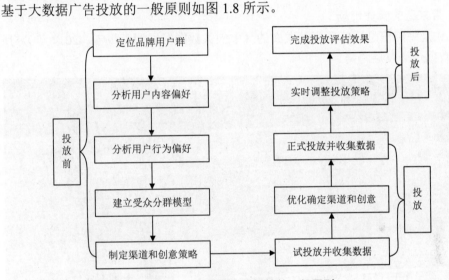

图 1.8　大数据广告投放的一般原则

（2）健康医疗体系更智能。

健康医疗大数据如图 1.9 所示。

有了健康医疗大数据，需要关注的问题如下。

① 如何利用健康医疗大数据进行个性化疾病的精准预测？

② 如何充分挖掘健康医疗大数据中蕴涵的大量的有价值信息？

③ 如何利用健康医疗大数据预测和分析群体疾病的发病规律？

④ 如何利用健康医疗大数据分析我国疾病谱？

（3）社会安全管理更有序。

在社会安全管理领域，通过对手机数据的挖掘，可以分析实时动态的流动人口来源、出行，实时交通客流信息及拥堵情况。利用短信、微博、微信和搜索引擎，可以收集热点事件，挖掘舆情，还可以追踪造谣信息的源头。例如，美国麻省理工学院通过对十万多人手机的通话、短信和空间位置等信息进行处理，提取人们行为的时空规律性，从而进行犯罪预测。

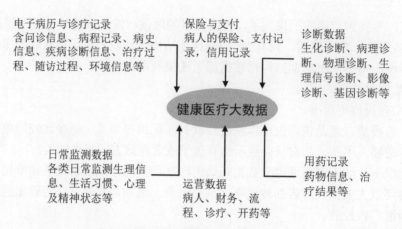

电子病历与诊疗记录
含问诊信息、病程记录、病史
信息、疾病诊断信息、治疗过
程、随访过程、环境信息等

保险与支付
病人的保险、支付记
录，信用记录

诊断数据
生化诊断、病理诊
断、物理诊断、生
理信号诊断、影像
诊断、基因诊断等

健康医疗大数据

日常监测数据
各类日常监测生理信
息、生活习惯、心理
及精神状态等

运营数据
病人、财务、流
程、诊疗、开药等

用药记录
药物信息、治
疗结果等

图 1.9　健康医疗大数据[①]

（4）带来新的就业市场。

图 1.10 是中国信息通信研究院发布的《中国大数据发展调查报告（2017 年）》所展示的我国大数据市场发展趋势。

图 1.10　我国大数据市场发展趋势[②]

图 1.11 是大数据就业岗位分布。

（5）社会变得更透明。

图 1.12 是大数据的一个经典案例，通过订披萨的行为，牵扯出顾客的医疗信息、购物信息、定位信息、银行信息、家庭信息、电话信息和交友信息等。

[①] 图片来源：http://www.aginghealth.cn/2018/02/28/710/

[②] 图片来源：https://graph.baidu.com/pcpage/similar?originSign=122dc3105e40138653fc201653787111&srcp=crs_pc_similar&tn=pc&idctag=nj&sids=10004_10521_10966_10974_11031_17851_17071_18100_17201_17202_18313_19193_19162_19216_19268_19280_19670_19805_20001_20012_20051_20060_20070_20091_20131_20150_20164_20172_9999_10000&gsid=&logid=3142922626&entrance=general&tpl_from=pc&pageFrom=graph_upload_pcshitu&image=http%3A%2F%2Fmms2.baidu.com%2Fit%2Fu%3D3114964531,846579675%26fm%3D253%26app%3D138%26f%3DJPEG%3Fw%3D555%26h%3D310&carousel=503&index=3&page=3&shituToken=0f55be

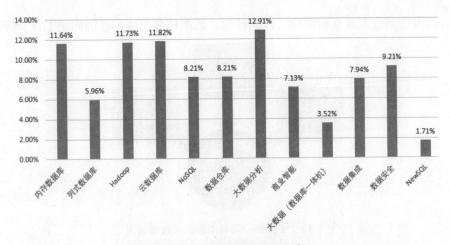

图 1.11 大数据就业岗位分布

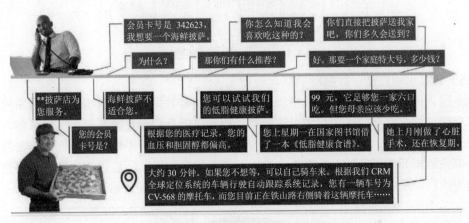

图 1.12 大数据让社会更透明[①]

由于用户信息被政府、商家以及各种机构共享，大量的高速计算机日夜不停地运算来挖掘用户隐私；因此在大数据时代，人们就像穿着透明的衣服，住在透明的屋子里，想隐藏自己的隐私难于登天。

5）大数据应用面临的六大挑战

（1）业务部门没有清晰的大数据需求。

这是因为全社会尚未形成对大数据客观、科学的认识，对数据资源及其在人类生产、生活和社会管理方面的价值利用认识尚不足，存在盲目追逐硬件设施投资、轻视数据资源积累和价值挖掘利用等现象，如图 1.13 所示。所以说，这是我国大数据长期内最大的挑战，但也是比较容易实现的目标。

（2）企业内部数据孤岛严重。

数据孤岛是指在数据信息单元单独存放、不能自动实现信息共享与交换，需要靠人工与外界进行联系的一种现象。数据孤岛是由计算机技术运用的不断深入，不同软件产品的大量使用造成的。消除信息孤岛的根本办法是对资源进行统一规划，研制一体化智能信息

① 图片来源：https://www.meipian.cn/2tuhmy0v

处理平台，以达到资源共享和协同工作的目的。数据孤岛形成的原因如图 1.14 所示。

图 1.13 业务部门没有清晰的大数据需求[1]

图 1.14 数据孤岛形成的原因

（3）数据可用性低，数据质量差。

这是因为用户普遍不重视数据资源的建设，即使有数据意识的机构也大多只重视数据的简单存储，很少针对后续应用需求进行加工整理。而且数据资源普遍存在质量差、标准规范缺乏、管理能力弱等现象。跨部门、跨行业的数据共享仍不顺畅，有价值的公共信息资源和商业数据开放程度低。数据价值难以被有效挖掘利用，所以说，大数据应用整体上处于起步阶段，潜力远未被释放。数据质量评价标准如图 1.15 所示。

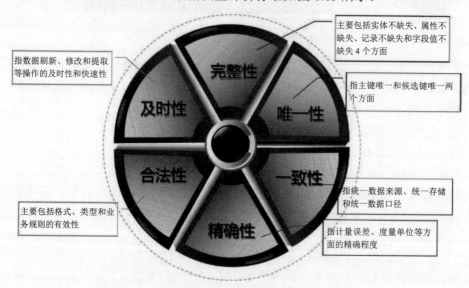

图 1.15 数据质量评价标准[2]

---

[1] 图片来源：https://huaban.com/pins/535859471

[2] 图片来源：http://www.mianfeiwendang.com/doc/6a9de382cf098dadd3370f3d/3

（4）数据相关管理技术和架构落后。

这主要是因为大数据需要从底层芯片到基础软件，再到应用分析软件等信息产业全产业链的支撑，无论是新型计算平台、分布式计算架构，还是大数据处理、分析和呈现方面与国外均存在较大差距，对开源技术和相关生态系统的影响力仍然较弱，总体上难以满足各行各业大数据应用需求。这是大数据短期内最大的挑战。

（5）信息安全和数据管理体系尚未建立。

数据所有权、隐私权等相关法律法规和信息安全、开放共享等标准规范缺乏，技术安全防范和管理能力不够，尚未建立起兼顾安全与发展的数据开放、管理和信息安全保障体系。

（6）大数据人才缺乏。

就目前而言，我国掌握数学、统计学、计算机等相关学科及应用领域知识的综合性数据科学人才缺乏，远不能满足发展需要，尤其是缺乏既熟悉行业业务需求，又掌握大数据技术与管理的综合型人才。2021 年高校专业搜索热度同比上升前 10 名，如图 1.16 所示。

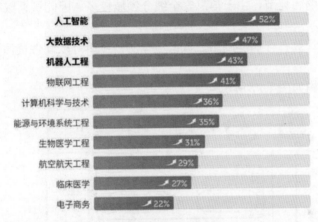

图 1.16　2021 年高校专业搜索热度同比上升前 10 名①

6）大数据带来的机遇

大数据给人们带来的真正机遇是把许多信息碎片拼起来，为人们的决策服务。具体包括以下 4 个方面。

（1）大数据的挖掘和应用成为核心，为企业探寻新的战略机遇带来了契机。

大数据的重心从存储与传输过渡到数据的挖掘与应用，这将深刻影响企业的商业模式，既可直接为企业带来盈利，也可以通过正反馈为企业带来难以复制的竞争优势。一方面，大数据技术可以有效地帮助企业整合、挖掘、分析其所掌握的庞大数据信息，构建系统化的数据体系，完善企业自身的结构和管理机制。另一方面，伴随消费者个性化需求的增长，大数据在各个领域的应用逐步显现，已经开始并正在改变着大多数企业的发展途径及商业模式。

（2）对大数据的处理和分析成为新一代信息技术应用的支撑点。

移动互联网、物联网、数字家庭、电子商务等都是新一代信息技术的应用形态，以这些技术为节点，不断汇集所产生的信息，并通过对不同来源数据的统一性、综合性的处理、分析与优化，将结果反馈或交叉反馈到各种应用中，进一步改善用户的使用体验，创造出

① 图片来源：https://super.sina.cn/shequn/post/detail_538063696957235201.html

巨大的商业价值、经济价值和社会价值。因此，大数据具有催生社会变革的能量，但是释放这种能量，需要更严谨的数据治理、富有洞见的和激发管理创新的环境。

（3）大数据的商业价值和市场需求成为推动信息产业持续增长的新引擎。

随着行业用户对价值认可程度的增加，市场需求将出现井喷，面向市场的新技术、新产品、新服务、新业态会不断涌现。大数据将为信息产业创建一个高增长的新市场：在硬件与集成设备领域，面临有效存储、快速读写、实时分析等挑战，大数据将对芯片、存储产业产生重要影响，还将催生一体化数据存储处理、内存计算等市场；在软件与服务领域，大数据所蕴含的巨大价值带来对数据快速处理和分析的迫切需求，将引发商业智能市场的空前繁荣。

（4）大数据安全更加重要，为信息安全带来了发展契机。

大数据在给 IT 产业带来变革的同时，也使信息安全变得更加复杂，各种新威胁、新挑战层出不穷，安全事件发生频率更高、损失更大。但是，对大数据的行为分析和动态感知也为数据安全提供了新的可能，为信息安全的发展带来了新的契机。大数据与信息安全的整合贯穿于产业链的各环节，由于信息安全细分领域较多，因此该领域的发展前景较广。

7）云计算

云计算可以让计算、存储、网络、数据、算法、应用等软硬件资源像电一样，按需索取、即插即用。

云计算体系结构如图 1.17 所示。

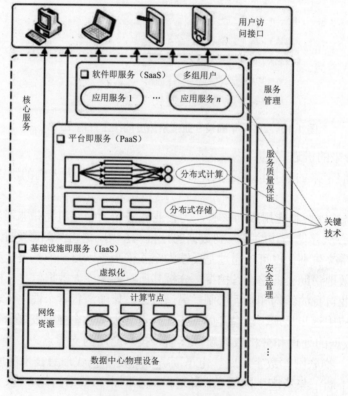

图 1.17　云计算体系结构[①]

---

① 图片来源：https://www.163.com/dy/article/EDC4LBJ505386GSH.html

从图 1.17 可知以下内容。

（1）云计算核心服务包括 3 种模式：PaaS、SaaS 和 IaaS。通俗的比喻，如图 1.18 所示。

IaaS=毛坯房　　　　　　　　PaaS=租赁房　　　　　　　SaaS=酒店入住

图 1.18　云服务①

PaaS 模式下，用户不需要管理和控制云计算底层基础设施，直接使用和控制应用程序即可。

SaaS 模式下，用户可以直接通过客户端使用云计算服务，不需要管理任何软硬件。

IaaS 模式下，只提供云计算服务的基础设施，用户可以部署和运行任意软件。

（2）云计算关键技术包括虚拟化技术、分布式存储技术、分布式计算技术、多组用户技术。

8）物联网体系结构

物联网体系结构分为 4 层，如图 1.19 所示。

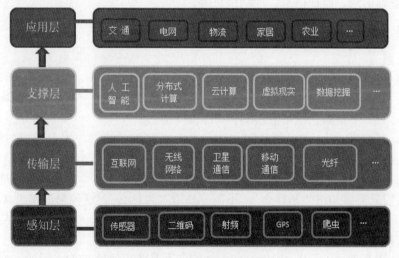

图 1.19　物联网体系结构

（1）感知层。

感知层是实现物联网全面感知的基础。以 RFID、传感器、二维码等为主，利用传感器收集设备信息，利用 RFID 技术在一定范围内实现发射和识别。主要是通过传感器识别物体，从而采集数据信息。

---

① 图片来源：https://view.inews.qq.com/a/20211025A06J8M00

　　例如，汽车能够显示油箱的油量，就需要使用能够检测汽油液面高度的传感器；汽车停止的时候，如果发生振动就会发出警报，这就需要使用能够感应振动的传感器。在食品监测方面，要检测某种食品含有的有害物质浓度、是否超标，也需要使用浓度传感器来检测。

　　（2）传输层。

　　传输层主要负责对传感器采集的信息进行安全无误的传输，并将收集到的信息传输给应用层。同时，传输层云计算技术的应用可以确保建立实用、适用、可靠和高效的信息化系统和智能化信息共享平台，实现对各种信息的共享和优化管理。

　　通信网络是实现物联网必不可少的基础设施，安置在动物、植物、机器和物品上的电子介质产生的数字信号可随时随地通过无处不在的通信网络传送出去。只有实现各种传感网络的互联、广域的数据交互和多方共享，以及规模性的应用，才能真正建立一个有效的物联网。

　　（3）支撑层。

　　人工智能技术将实现用计算机模拟人的思维过程并做出相应的行为，在物联网中利用人工智能技术可以分析物品，以及人讲话的内容，然后借助计算机实现自动化处理。

　　云计算技术的发展为物联网的发展提供了技术支持。在物联网中，各种终端设备的计算能力及存储能力都十分有限，物联网借助云计算平台能实现对海量数据的存储计算。

　　（4）应用层。

　　应用层主要解决信息处理和人机界面的问题，即输入输出控制终端，如手机、智能家居的控制器等，主要通过数据处理及解决方案来提供人们所需的信息服务。应用层针对的是直接用户，为用户提供丰富的服务及功能，用户也可以通过终端在应用层定制自己需要的服务，如查询信息、监视信息、控制信息等。

2．练习

1）单选题

（1）第一次信息化浪潮主要解决（　　　）问题。

　　A．信息传输　　　B．信息处理　　　C．信息获取　　　D．信息转换

（2）（　　　）不是第三次信息浪潮。

　　A．互联网　　　　B．物联网　　　　C．云计算　　　　D．大数据

（3）大数据思维包括（　　　）。

　　A．整体思维　　　B．相关思维　　　C．容错思维　　　D．以上都是

（4）人们只需要知道"是什么"，不需要知道"为什么"，这种思维属于（　　　）。

　　A．整体思维　　　B．相关思维　　　C．容错思维　　　D．以上都是

（5）大数据的简单算法与小数据的复杂算法相比（　　　）。

　　A．更有效　　　B．相当　　　C．不具备可比性　　D．无效

（6）云计算平台层（PaaS）指的是（　　　）。

　　A．用户不需要管理和控制云计算底层基础设施，直接使用和控制应用程序即可

　　B．用户可以直接通过客户端使用云计算服务，不需要管理任何软硬件

　　C．用户不需要自己购买服务器，而可以选择购买虚拟机，但还是需要自己安装服务器软件

　　D．只提供云计算服务的基础设施，用户可以部署和运行任意软件

2）填空题

（1）以记录和描述自然现象为主的"实验科学"，称为第（　　）范式。

（2）利用模型归纳总结过去记录的现象的"理论科学"，称为第（　　）范式。

（3）计算机的出现，诞生了"计算科学"，称为第（　　）范式。它对复杂现象进行模拟仿真，推演出越来越多复杂的现象。

（4）大数据时代，诞生的第四范式称为（　　）。

（5）数据产生方式经历了被动产生→主动产生→（　　）3 个阶段。

（6）（　　）让计算、存储、网络、数据、算法、应用等软硬件资源像电一样，按需索取、即插即用。

（7）数据管理方式的变革指"业务数据化"→（　　）。

3）判断题

（1）云计算是大数据诞生的前提和必要条件。　　　　　　　　　　　　（　　）

（2）云计算转变了数据的服务方式。　　　　　　　　　　　　　　　　（　　）

（3）虚拟化为进入大数据时代铺平了道路。　　　　　　　　　　　　　（　　）

（4）经验驱动容易错失良机，因果驱动容易犯错误，数据驱动能揭示世界真相。

　　　　　　　　　　　　　　　　　　　　　　　　　　　　　　　　（　　）

（5）大数据使计算方式复杂化。　　　　　　　　　　　　　　　　　　（　　）

4）多选题

（1）云计算关键技术包括（　　）。

    A．分布式存储　　　　　　　　　　B．虚拟化

    C．分布式计算　　　　　　　　　　D．多租户

（2）云计算的服务模式和类型包括（　　）。

    A．软件即服务（SaaS）　　　　　　B．平台即服务（PaaS）

    C．基础设施即服务（IaaS）　　　　D．数据即服务（DaaS）

（3）物联网主要由（　　）部分组成。

    A．应用层　　　B．支撑层　　　C．感知层　　　D．传输层

（4）物联网的关键技术包括（　　）。

    A．识别和感知技术　　　　　　　　B．网络与通信技术

    C．数据挖掘技术　　　　　　　　　D．存储技术

（5）关于大数据思维描述，正确的是（　　）。

    A．要分析与某事物相关的所有数据，而不是分析少量的数据样本

    B．接收数据的纷繁复杂，而不再追求精确性

    C．数据处理变得更加容易、更加快速，人们能够实时处理海量数据

    D．不再探求难以捉摸的因果关系，转而关注事物的相关关系

（6）大数据面临的挑战不包括（　　）。

    A．多源异构　　　　　　　　　　　B．数据管理

    C．数据分析　　　　　　　　　　　D．数据安全

（7）大数据对社会的影响包括（　　）。

    A．广告投放更精准　　　　　　　　B．医疗卫生体系更精密

    C．社会安全管理更有序　　　　　　D．带来新的就业市场

（8）大数据面临的挑战包括（　　）。

    A．业务部门没有清晰的大数据需求

    B．企业内部数据孤岛严重

    C．数据可用性低，数据质量差

    D．数据相关管理技术和架构落后

5）简答题

（1）简述大数据面临的挑战。

（2）简述大数据对社会的影响。

（3）简述大数据产生的必然。

（4）简述三次信息化浪潮。

（5）简述大数据带来的机遇。

（6）简述大数据思维。

1.1.2　大数据概念、特征及价值

1．基础知识

大数据（big data）指无法在一定时间范围内用常规软件工具进行捕捉、管理和处理的数据集合。

1）大数据内涵

大数据不在于体量"大"、种类"多"，强调的是数据的多样性和关联性，如图 1.20 所示。

图 1.20　强调的是数据的多样性和关联性

2）4V 特征

大数据的 4V 特征，如图 1.21 所示。

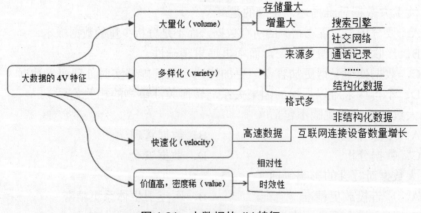

图 1.21　大数据的 4V 特征

（1）信息度量。

如图 1.22 所示，信息度量的最小单位是字节，从左到右度量单位越来越大。人们可能对信息的度量单位没有太多的感性认识，举个例子，从图 1.22 可知，美国国会图书馆的藏书量约为 235 TB，如果一张光盘 700 MB，厚度 1 cm，把这些光盘罗列在一起，235 TB 相当于 20 万米的高度。

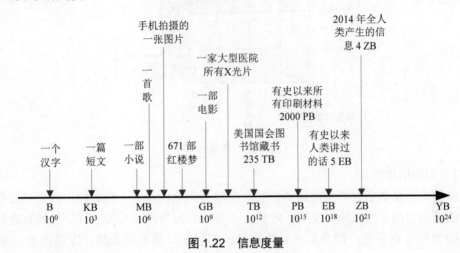

图 1.22　信息度量

（2）数据分类。

如图 1.23 所示，根据结构化程度，把数据分为 3 类：结构化数据、半结构化数据和非结构化数据。

图 1.23　结构化数据、半结构化数据和非结构化数据

图 1.24 从 3 个维度对数据进行分类。

① 裸数据是未加工过的原始数据，或 0 次加工数据。

② 专家数据是一次加工的数据，通过分析"脏数据"产生的原因和存在形式，利用现有的技术手段和方法去清理"脏数据"，将"脏数据"转换为满足应用要求的数据，从而提高数据集的数据质量。

③ 信息是绑定了业务场景的专家数据，或两次加工的数据，以此类推。

数据的分类还有第四个维度，即时间维度：历史数据和实时数据（鲜活数据）。数据的价值更多地存在于非结构化数据、实时数据、三次加工、高度抽象的数据中。

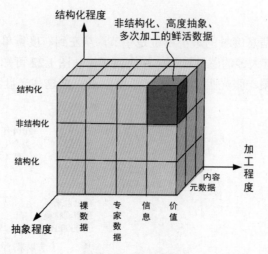

图 1.24　数据分类

（3）大数据价值。

数据的价值是其所有可能用途的总和，在基本用途完成后，数据的价值仍然存在。数据的价值是相对的，与时间、空间、经验、业务、目标等密切相关，有价值的数据是附属于企业经营核心业务的一部分数据。数据价值密度低，具有隐蔽性，发现困难，据 IDC（Internet Data Center，互联网数据中心）统计，数据利用率仅为 0.4%，如图 1.25 所示。获取数据价值是大数据技术的核心任务。

图 1.25　大数据价值[①]

2．练习

1）单选题

（1）大数据的 4V 特征中快速化是指（　　）。

　　A．传播高速性　　　　　　　B．增长高速性

　　C．积累高速性　　　　　　　D．更新高速性

（2）下列说法正确的是（　　）。

　　A．有价值的数据是附属于企业经营核心业务的一部分数据

　　B．数据挖掘它的主要价值后就没有必要再进行分析了

---

① 图片来源：http://wlaq.lhvtc.edu.cn/info/1023/1112.htm

C．所有数据都是有价值的

D．在大数据时代，收集、存储和分析数据非常简单

（3）以下不属于非结构化数据的是（　　　）。

A．关系数据库　　　　　　　　　B．语音

C．图像　　　　　　　　　　　　D．文本

提示：参考图 1.23。

（4）以下属于结构化数据的是（　　　）。

A．PDF　　　　　　　　　　　　B．OWL

C．网页　　　　　　　　　　　　D．关系数据库

提示：参考图 1.23。

（5）数据度量单位从小到大的正确顺序是（　　　）。

A．EB、GB、PB、TB　　　　　　B．GB、TB、PB、EB

C．EB、TB、PB、GB　　　　　　D．TB、PB、GB、EB

提示：参考图 1.22。

（6）数据容量度量单位最大的是（　　　）。

A．EB　　　　　　B．PB　　　　　　C．ZB　　　　　　D．YB

提示：参考图 1.22。

（7）从数据的结构化程度分类，（　　　）是错误的。

A．结构化数据　　　　　　　　　B．半结构化数据

C．裸数据　　　　　　　　　　　D．非结构化数据

提示：参考图 1.23。

（8）（　　　）不是大数据的支撑技术。

A．存储设备容量不断增加　　　　B．网络带宽不断增加

C．CPU 处理能力大幅提升　　　　D．数据量不断增大

提示：大数据支撑技术=大计算+大存储+大带宽。

（9）相比较而言，（　　　）维度包含的价值较小。

A．非结构化数据　　　　　　　　B．鲜活数据

C．数据内容　　　　　　　　　　D．元数据

（10）在大数据时代，下列说法正确的是（　　　）。

A．收集数据很简单

B．数据是最核心的部分

C．数据可视化技术是最重要的

D．数据非常重要，一定要很好地保护起来，防止泄露

2）填空题

（1）无法在一定时间内使用常规软件工具或方法进行收集、管理和处理的集合称为
（　　　）。

（2）（　　　）是通过分析"脏数据"产生的原因和存在形式，利用现有的技术手段和方法去清理"脏数据"，将"脏数据"转换为满足应用要求的数据，从而提高数据集的数据

质量。

（3）未加工的数据称为（　　　）。

3）判断题

（1）大数据的 4V 特征中，value 指数据价值大。　　　　　　　　　　　　　（　　　）

（2）大数据不在于"大"，强调的是多样数据之间的关联性。　　　　　　　（　　　）

提示：参考图 1.20。

4）多选题

（1）关于数据价值的说法，正确的是（　　　）。

    A. 数据的真实价值就像漂浮在海洋中的冰山，只能看到冰山一角，而绝大部分则隐藏在海平面之下

    B. 判断数据的价值需要考虑到未来它可能被使用的各种方式，而非仅仅考虑其目前的用途

    C. 在基本用途完成后，数据的价值仍然存在

    D. 数据的价值是其所有可能用途的总和

（2）（　　　）是大数据的基本特征。

    A. 数据规模大（volume）

    B. 数据种类多（variety）

    C. 数据要求处理速度快（velocity）

    D. 数据价值密度低（value）

（3）关于大数据，以下说法合理的是（　　　）。

    A. 大数据不再探求难以捉摸的因果关系，转而关注事物的相关关系

    B. 大数据不管如何运用都是我们合理决策过程中的有力武器

    C. 大数据的价值不再单纯来源于它的基本用途，更多源于它的二次利用

    D. 大数据时代，很多数据在收集的时候并无意用作其他用途，但最终却产生了很多创新性的用途

提示：拥有大数据不是目的，目的是把数据变成价值，这种转变可以是一次利用（原有数据就有价值）、二次利用（数据挖掘），甚至三次、四次利用（业务赋能）。

5）简答题

（1）简述大数据的 4V 特征。

（2）简述大数据价值。

1.1.3　大数据技术、产业及应用

1. 基础知识

1）大数据产业链

大数据作为继云计算、物联网之后 IT 行业又一颠覆性的技术，备受关注，要想知道大数据的创业方向，一定要知道大数据产业链包括哪几个环节，如图 1.26 所示。

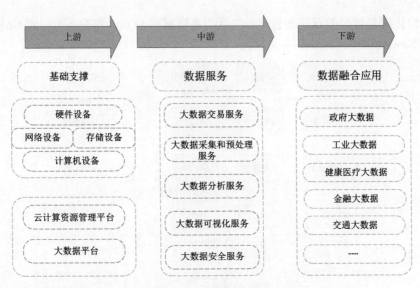

图 1.26　大数据产业链

2）大数据技术

（1）大数据支撑技术。

大数据支撑技术，如图 1.27 所示。

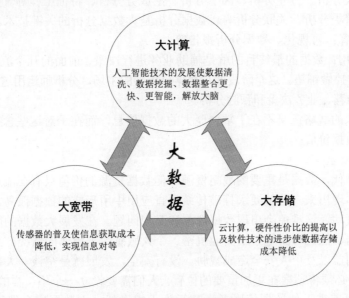

图 1.27　大数据支撑技术

（2）大数据处理技术。

大数据处理技术，如图 1.28 所示。

① 数据采集：对分布的、异构数据源中的数据如结构化数据、非结构化数据、半结构化数据等进行 ETL（extract transform load，数据预处理），最后加载到数据仓库中，成为专家数据。ETL 主要任务是数据清洗、数据规范化、数据源选择。

② 数据存储：利用分布式文件系统、数据仓库、关系数据库等实现对结构化、半结构

化和非结构化海量数据的存储和管理，包括关系数据库 SQL、非关系数据库 NoSQL、分布式数据库 NewSQL 等。

图 1.28　大数据处理技术

③ 数据分析：利用分布式并行编程模型和计算框架，结合机器学习和数据挖掘算法，实现对海量数据的处理和分析。包括数据认知和数据建模。数据认知主要包括假设检验、分布分析、相关分析、方差分析、因子分析、主成分分析、特征工程等。数据建模主要包括回归分析、聚类分析、关联分析等。数据分析是大数据分析的关键技术。

④ 结果解释：可视化、数据分析报告等。

⑤ 数据应用：数据的最终目的就是辅助业务进行决策，前面的几个流程都是为最终的查询、分析、监控做铺垫。这个阶段就是数据分析师的主场，分析师运用这些标准化的数据可以进行即时推荐、业务决策和预测分析。

大数据技术的战略意义不在于掌握庞大的数据信息，而在于对这些含有意义的数据进行挖掘，获取数据价值。

3）大数据安全

在大数据时代，数据是重要的战略资源，但数据资源的价值只有在流通和应用过程中才能够充分地体现出来。这就要求打破传统垂直应用中所形成的数据孤岛，并需要数据在不同应用之间流动，这难免会出现数据泄露和滥用问题。在发展大数据的同时，也容易出现政府重要数据、法人和其他组织商业机密、个人敏感数据泄露的情况，给国家安全、社会秩序、公共利益以及个人安全造成威胁。没有安全，发展就是空谈。大数据安全是发展大数据的前提，必须将它摆在更加重要的位置。人们需要设立一个不一样的隐私保护模式，这个模式应该更着重于使数据使用者为其行为承担责任。大数据安全保障体系架构，如图 1.29 所示。

4）大数据分析 4 部曲

如图 1.30 所示，大数据分析有 4 个任务：现状分析、原因分析、预测分析和决策分析。其中，最有价值、难度最大的是决策分析。

5）大数据应用

大数据无处不在，包括金融、保险、汽车、餐饮、电商、农业、环保、政府、教育等在内的社会各行各业都已经融入了大数据的印迹。

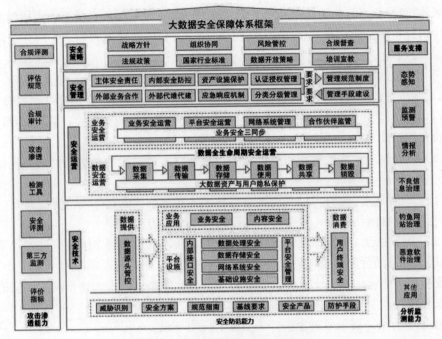

图 1.29　大数据安全保障体系架构[①]

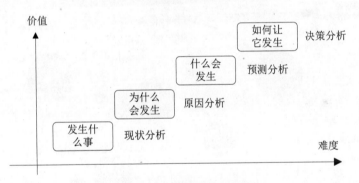

图 1.30　大数据分析 4 部曲

（1）制造业，利用工业大数据提升制造业水平，包括产品故障诊断与预测、分析工艺流程、改进生产工艺、优化生产过程能耗、工业供应链分析与优化、生产计划与排程。

（2）金融行业，大数据在高频交易、社交情绪分析和信贷风险分析三大金融创新领域均发挥了重大作用。

（3）汽车行业，利用大数据和物联网技术的无人驾驶汽车，在不远的未来将走入人们的日常生活。

（4）互联网行业，借助大数据技术，可以分析客户行为，进行商品推荐和针对性广告投放。

（5）电信行业，利用大数据技术实现客户离网分析，及时掌握客户离网倾向，出台客户挽留措施。

---

① 图片来源：https://m.sohu.com/a/158314988_200424

（6）能源行业，随着智能电网的发展，电力公司可以掌握海量的用户用电信息，利用大数据技术分析用户用电模式，可以改进电网运行，合理设计电力需求响应系统，确保电网运行安全。

（7）物流行业，利用大数据优化物流网络，提高物流效率，降低物流成本。

（8）城市管理，可以利用大数据实现智能交通、环保监测、城市规划和智能安防。

（9）生物医学，大数据可以帮助人们实现流行病预测、智慧医疗、健康管理，同时还可以帮助人们解读 DNA，了解更多的生命的奥秘。

（10）体育娱乐，大数据可以帮助人们训练球队，决定投拍哪种题材的影视作品，以及预测比赛结果。

（11）安全领域，政府可以利用大数据技术构建起强大的国家安全保障体系，企业可以利用大数据抵御网络攻击，警察可以借助大数据来预防犯罪。

（12）个人生活，大数据还可以应用于个人生活，利用与每个人相关联的"个人大数据"，分析个人生活行为习惯，为其提供更加周到的个性化服务。

大数据的价值远远不止于此。大数据对各行各业的渗透，大大地推动了人们的生产和生活，未来必将产生更加重大而深远的影响。

如图 1.31 所示，展示了健康医疗大数据的应用场景。

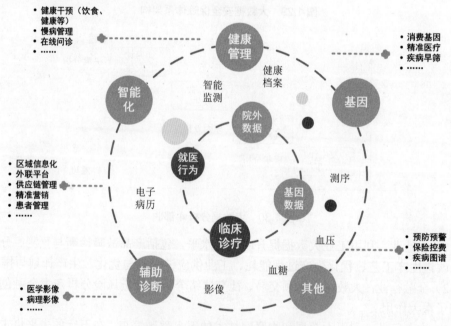

图 1.31   健康大数据应用场景①

2. 练习

1）单选题

（1）（　　　）属于大数据上游产业。

　　　A. 基础支撑　　　B. 数据服务　　　C. 数据应用　　　D. 数据采集

---

① 图片来源：http://chuangxin.chinadaily.com.cn/2018-07/18/content_36600213.htm

（2）大数据的关键技术是（　　）。

  A．数据可视化   B．数据分析

  C．数据采集   D．数据存储与管理

（3）大数据技术的战略意义不在于掌握庞大的数据信息，而在于对这些含有意义的数据进行（　　）。

  A．可视化 B．挖掘 C．快速处理 D．内容处理

（4）社交网络产生了海量用户以及实时和完整的数据，同时社交网络也记录了用户群体的（　　），通过深入挖掘这些数据来了解用户，然后将这些分析后的数据信息推给需要的品牌商家或微博营销公司。

  A．地址 B．行为 C．情绪 D．来源

（5）通过（　　）展示数据背后的真相。

  A．数据收集 B．数据挖掘 C．数据存储 D．数据应用

（6）大数据支撑技术不包括（　　）。

  A．大存储 B．大计算 C．大价值 D．大宽带

（7）在大数据时代，需要设立一个不一样的隐私保护模式，这个模式应该更着重于（　　）为其行为承担责任。

  A．数据使用者 B．数据提供者 C．任何个人 D．任何企业

（8）（　　）不属于大数据产业的产业链环节。

  A．基础支持 B．数据服务 C．数据应用 D．数据采集

（9）（　　）选项属于大数据技术的"数据存储和管理"技术层面的功能。

  A．利用分布式文件系统、数据仓库、关系数据库等实现对结构化、半结构化和非结构化海量数据的存储和管理

  B．利用分布式并行编程模型和计算框架，结合机器学习和数据挖掘算法，实现对海量数据的处理和分析

  C．构建隐私数据保护体系和数据安全体系，有效保护个人隐私和数据安全

  D．把实时采集的数据作为流计算系统的输入，进行实时处理分析

提示：参考图 1.28。

（10）数据分析 4 部曲，第 3 部是（　　）。

  A．什么会发生   B．为什么发生

  C．发生什么事   D．如何让它发生

提示：参考图 1.30。

（11）大数据处理技术分为（　　）层。

  A．3   B．4   C．5   D．6

2）填空题

（1）大数据的应用包括推荐、（　　）和决策。

（2）ETL 是英文（　　）的缩写。

3）判断题

（1）人工智能技术的发展使数据清洗、数据挖掘、数据整合更快、更智能，从而解放大脑。   （　　）

（2）传感器的普及使信息获取的成本降低，实现了信息对等。　　　（　　）

（3）云计算、硬件性价比的提高以及软件技术的进步使数据存储成本降低。（　　）

4）多选题

（1）（　　）属于大数据支撑技术。

    A. 大存储　　　B. 大数据　　　C. 大宽带　　　D. 大计算

（2）大数据的两个核心技术是（　　）。

    A. 分布式存储　　　　　　　B. 数据处理与分析

    C. 分布式处理　　　　　　　D. 数据存储与管理

（3）大数据处理技术包括（　　）。

    A. 数据采集　　B. 数据存储　　C. 数据分析　　D. 数据应用

（4）大数据分析过程包括（　　）。

    A. 数据预处理　　B. 特征工程　　C. 相关分析　　D. 数据建模

（5）数据预处理包括（　　）。

    A. 数据清洗　　B. 数据规范化　　C. 数据源选择　　D. 数据分析

（6）数据认知包括（　　）。

    A. 分布分析　　B. 相关分析　　C. 方差分析　　D. 关联分析

（7）大数据安全保障体系的核心内容包括（　　）。

    A. 安全技术　　B. 安全运营　　C. 安全管理　　D. 安全策略

提示：参考图 1.29。

（8）数据分析的任务包括（　　）。

    A. 原因分析　　B. 现状分析　　C. 预测分析　　D. 对比分析

提示：参考图 1.30。

5）简答题

（1）简述大数据产业链。

（2）简述大数据分析过程。

（3）简述大数据安全是发展大数据的前提。

1.2　大数据技术生态

1.2.1　分布式集群概述

1. 基础知识

1）集群

（1）什么是集群？

集群是指将多台服务器集中在一起，有多台服务器都实现相同的业务，做相同的事情。但是每台服务器并不是缺一不可，存在的作用主要是缓解并发压力和单点故障失效问题。可以利用一些廉价的符合工业标准的硬件构造高性能的系统，实现高扩展（伸缩性强）、高性能、低成本、负载均衡。

（2）为什么要集群？

单服务器存在如下问题：

① 并发处理能力有限。

② 容错率低，一旦服务器故障，整个服务就无法访问了。

③ 单台服务器计算能力低，无法完成复杂的海量数据计算。

2）分布式计算

（1）什么是分布式计算？

分布式计算是指将多台服务器集中在一起，每台服务器都实现总体中的不同业务，做不同的事情。分布式计算的主要作用是大幅提高效率，缓解服务器的访问和存储压力。分布式的关键作用是解耦（相同的业务分布在不同的地方），以便于快速迭代。

（2）为什么要进行分布式计算？

传统的项目中，人们将各个模块放在一个系统中，系统过于庞大，开发维护困难，各个功能模块之间的耦合度高，无法针对单个模块进行优化，也无法进行水平扩展。

（3）分布式计算与集群的关系。

分布式计算主要的功能是将系统模块化，进行解耦，以方便维护和开发；但是并不能解决并发问题，也无法保证系统在服务器宕机后正常运转。

集群弥补了分布式的缺陷，让多个服务器处理相同的业务，一方面可以解决或者说改善系统的并发问题；另一方面如果服务器出现一定数量的宕机，仍然可以保证系统正常运转，如图1.32所示。

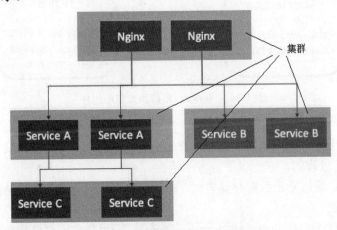

图1.32　"分布式+集群"的综合体

分布式与集群两个概念相互不冲突。高可用、一致性等，都是在"分布式+集群"的理念上发展出来的解决具体问题的方法论。

3）Hadoop 集群

Hadoop 简单来说就是用 Java 写的分布式、处理大数据的框架，主要思想是"分而治之"。

（1）Google 三驾马车。

Hadoop 的思想源于 Google。Google 曾经面对大量的网页怎么存储、怎么快速搜索的问题，于是诞生了3篇论文：DFS、MapReduce 和 BigTable。这3篇论文的开源实现版本分别是 Hadoop 的 HDFS、MapReduce 和 HBase，分别对应大数据存储、大数据分析计算和列式非关系数据库，史称"三驾马车"，由 Doug Cutting 创立，如图 1.33 所示。

图 1.33   Google 三驾马车[①]

Doug Cutting 除了创立 Hadoop 项目，还创立了 Nutch 和 Lucene 项目。

（2）Hadoop 集群两大核心组件。

Hadoop 框架中最核心的设计是为海量数据提供存储的 HDFS 和对数据进行计算的 MapReduce，如图 1.34 所示。

图 1.34   Hadoop 集群两大核心组件

（3）Hadoop 特性。

Hadoop 是一个能够对大量数据进行分布式处理的软件框架，并且是以一种可靠、高效、可伸缩的方式进行处理的，它有以下几方面特性。

① 高可靠性：采用冗余数据存储方式，即使一个副本发生故障，其他副本也可以保证对外工作的正常进行。

② 高效性：作为并行分布式计算平台，Hadoop 采用分布式存储和分布式处理两大核心技术，能够高效处理 PB 级别的数据。

③ 高可扩展性：Hadoop 的设计目标是可以高效、稳定地运行在廉价的计算机集群上，可以扩展到数以千计的计算机节点上。

④ 高容错性：采用冗余数据存储方式，自动保存数据的多个副本，并且能够自动将失败的任务重新分配。

⑤ 成本低：Hadoop 采用廉价的计算机集群，普通用户也可以用 PC 搭建环境。

⑥ Hadoop 是基于 Java 语言开发的。

① 图片来源：https://www.sohu.com/a/225904130_658998

⑦ 支持多种编程语言，如 C++等。

⑧ Hadoop 集群的主要瓶颈是磁盘 I/O。

（4）Hadoop 集群组件依赖关系，如图 1.35 所示。

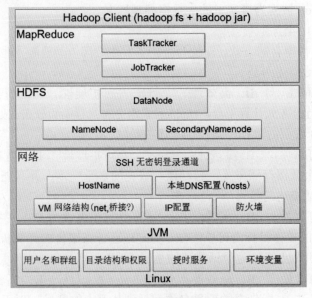

图 1.35　Hadoop 集群组件依赖关系

2. 练习

1）单选题

（1）关于分布式的叙述正确的是（　　）。

　　A. 不同的业务分布在不同的地方　　　　B. 相同的业务分布在不同的地方

　　C. 不同的业务分布在相同的地方　　　　D. 相同的业务分布在相同的地方

（2）集群指的是将几台服务器集中在一起，实现（　　）业务。

　　A. 同一　　　　　　B. 不同　　　　　　C. 类似　　　　　　D. 以上都对

（3）（　　）不是 Hadoop 的特性。

　　A. 只支持少数几种编程语言　　　　　　B. 可扩展性高

　　C. 成本低　　　　　　　　　　　　　　D. 高可靠性

（4）集群的关键作用是提升（　　）。

　　A. 高可用　　　B. 并发处理能力　　　C. 负载均衡能力　　　D. 伸缩能力

（5）分布式的关键作用是（　　），以便于快速迭代。

　　A. 高可用　　　B. 并发　　　　　　　C. 负载均衡　　　　　D. 解耦

（6）以下关于 Hadoop 设计理念的叙述，错误的是（　　）。

　　A. 兼容廉价的硬件设备　　　　　　　　B. 关注横向扩展

　　C. 适应大文件访问　　　　　　　　　　D. 适应动态数据访问

（7）（　　）通常是 Hadoop 集群的最主要瓶颈。

　　A. CPU　　　　B. 网络　　　　　　　C. 磁盘 I/O　　　　　D. 内存

（8）Hadoop 框架中最核心的设计是（　　）。

  A．为海量数据提供存储的 HDFS 和对数据进行计算的 MapReduce

  B．提供整个 HDFS 文件系统的 NameSpace（命名空间）管理、块管理等所有服务

  C．Hadoop 不仅可以运行在企业内部的集群中，也可以运行在云计算环境中

  D．Hadoop 被视为事实上的大数据处理标准

  提示：参考图 1.34。

  （9）采用冗余数据存储方式，即使一个副本发生故障，其他副本也可以保证对外工作的正常进行。这段话描述的是（　　）。

  A．高可靠性　　B．高效性　　C．高可扩展性　　D．高容错性

  （10）作为并行分布式计算平台，Hadoop 采用分布式存储和分布式处理两大核心技术，能够高效地处理 PB 级别的数据。这段话描述的是（　　）。

  A．高可靠性　　B．高效性　　C．高可扩展性　　D．高容错性

  （11）采用冗余数据存储方式，自动保存数据的多个副本，并且能够自动将失败的任务重新分配。这段话描述的是（　　）。

  A．高可靠性　　B．高效性　　C．高可扩展性　　D．高容错性

  （12）Hadoop 的设计目标是可以高效、稳定地运行在廉价的计算机集群上，可以扩展到数以千计的计算机节点上。这段话描述的是（　　）。

  A．高可靠性　　B．高效性　　C．高可扩展性　　D．高容错性

  （13）Doug Cutting 所创立的项目名称都受到其家人的启发，以下项目不是由他创立的是（　　）。

  A．Hadoop　　B．Nutch　　C．Lucene　　D．Solr

2）填空题

  （1）Hadoop 的两大核心组件是 MapReduce 和（　　）。

  （2）Hadoop 是用（　　）语言编写的。

  （3）（　　）是指将多台服务器集中在一起，每台服务器都实现相同的业务，做相同的事情。

  （4）（　　）是指将多台服务器集中在一起，每台服务器都实现总体中的不同业务，做不同的事情。

3）判断题

  （1）分布式是指将不同的业务分布在相同的地方。（　　）

  （2）分布式是通过提高单位时间内执行的任务数来提升效率。（　　）

  （3）集群是以缩短单个任务的执行时间来提升效率的。（　　）

  （4）分布式中的每一个节点不可以再做集群。（　　）

  （5）集群一定就是分布式的。（　　）

  （6）采用集群的方案，如果一台数据库宕机还会有其他数据库保证整个服务正常进行。（　　）

  （7）分布式与集群两个概念相互冲突。（　　）

4）多选题

  （1）下列叙述正确的是（　　）。

  A．分布式是指通过网络连接的多个组件，通过交换信息协作而形成的系统

B．集群是指同一种组件的多个实例形成的逻辑上的整体

C．分布式系统也可以是一个集群

D．一个集群也可以是一个分布式系统

（2）（　　）选项属于 Hadoop 的缺点。

A．表达能力

B．磁盘 I/O 开销大

C．延迟高

D．在前一个任务执行完成之前，其他任务无法开始，难以胜任复杂任务

（3）Hadoop 的特性包括（　　）。

A．高可扩展性　　　　　　　　　B．支持多种编程语言

C．成本低　　　　　　　　　　　D．运行在 Linux 平台上

（4）下列关于 Hadoop 的描述，正确的是（　　）。

A．为用户提供了系统底层细节透明的分布式基础架构

B．具有很好的跨平台特性

C．可以部署在廉价的计算机集群中

D．被公认为行业大数据标准开源软件

（5）Hadoop 集群的整体性能主要受到（　　）因素影响。

A．CPU 性能　　　B．内存　　　　　C．网络　　　　　D．存储容量

（6）Google 三驾马车是指（　　）。

A．GFS　　　　　B．BigTable　　　C．HDFS　　　　D．MapReduce

（7）分布式但非集群系统的不足包括（　　）。

A．并发处理能力有限

B．容错率低，一旦服务器故障，整个服务就无法访问了

C．迭代慢

D．单台服务器计算能力低，无法完成复杂的海量数据计算

（8）集群但非分布式系统的不足包括（　　）。

A．效率低　　　　　　　　　　　B．服务器的访问压力大

C．服务器的存储压力小　　　　　D．迭代慢

（9）Hadoop 集群具有以下（　　）优点。

A．高扩展性　　　B．高可靠性　　　C．高容错性　　　D．高成本

（10）（　　）可以作为集群的管理工具。

A．Puppet　　　　　　　　　　　B．Pdsh

C．Cloudera Manager　　　　　　D．Rsync+ssh+scp

5）简答题

（1）为什么需要分布式与集群？

（2）如何理解高可用？

（3）如何理解负载均衡？

（4）谈谈分布式计算与集群的区别。

（5）叙述 Hadoop 集群组件依赖关系。

1.2.2 Hadoop 生态系统

1. 基础知识

1）Hadoop 生态系统

Hadoop 生态系统是指一整套开源软件，包括做高可用的 Zookeeper、非关系数据库 HBase、内存计算 Spark、数据仓库 Hive、日志收集工具 Flume 等组件，如图 1.36 所示。

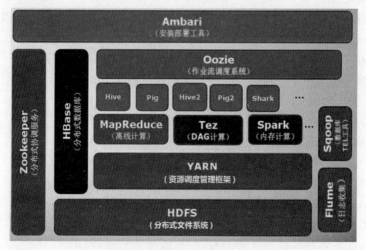

图 1.36　Hadoop 生态系统[①]

组件说明，如表 1.2 所示。

表 1.2　Hadoop 组件说明

组　　件	说　　明
Zookeeper	Apache 的 Zookeeper 是用于维护和同步配置数据的集中服务
HDFS	Hadoop 分布式文件系统（HDFS）是 Hadoop 应用程序使用的主要存储系统。HDFS 创建多个数据块副本并将它们分布在整个群集的计算主机上，以启用可靠且极其快速的计算功能，依赖于 Zookeeper 服务
YARN	YARN 是支持 MapReduce 应用程序的数据计算框架，依赖于 HDFS 服务
HBase	HBase 是一个分布式、面向列的开源数据库，它是一个适合于非结构化数据存储的列式数据库，依赖于 Zookeeper 和 HDFS 服务
Hive	Hive 是基于 Hadoop 的一个数据仓库工具，可以将结构化的数据文件映射为一张数据库表，并提供简单的 SQL 查询功能，可以将 SQL 语句转换为 MapReduce 任务进行运行
Spark	Spark 是强大的开源并行计算引擎，基于内存计算，速度更快；接口丰富，易于开发；集成 SQL、Streaming、GraphX、MLlib，提供一站式解决方案
Flume	Flume 是 Cloudera 提供的一个高可用的、高可靠的、分布式的海量日志采集、聚合和传输系统。Flume 支持在日志系统中定制各类数据发送方，用于收集数据；同时，Flume 提供对数据进行简单处理，并将处理结果写到各种数据接收方（可定制）的能力
Sqoop	Sqoop（SQL-to-Hadoop）是一种用于在 Hadoop 和结构化数据存储（如关系数据库）之间高效传输批量数据的工具

---

① 图片来源：http://www.whwkzc.com/index.php?m=content&c=index&a=show&catid=90&id=352

2）Hadoop 在企业中的应用架构

Hadoop 在企业中的应用框架一般分为 3 层，如图 1.37 所示。其中，大数据层是关键。

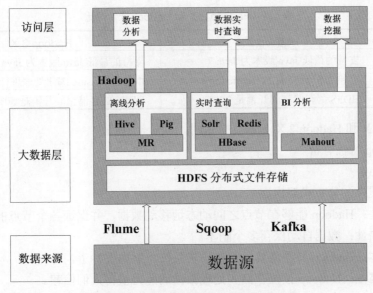

图 1.37　Hadoop 在企业中的应用架构

Mahout 是机器学习组件，Kafka 是一种高吞吐量的分布式发布订阅消息系统，Solr 是一个分布式服务，用于编制存储在 HDFS 中的数据的索引并搜索这些数据，Redis 是一种 Key-Value 数据库。

3）Hadoop 版本

（1）Hadoop 1.X 和 Hadoop 2.X 对比，如图 1.38 和表 1.3 所示。

图 1.38　Hadoop 1.X 和 Hadoop 2.X 对比

表 1.3　Hadoop 1.X 和 Hadoop 2.X 对比

组　件	Hadoop 1.X 不足	Hadoop 2.X 特性
HDFS	单一名称节点，存在单点失效问题	HDFS HA 提供名称节点热备机制
HDFS	单一命名空间，无法实现资源隔离	HDFS Federation 管理多个命名空间
MapReduce	资源管理效率低	设计了新的资源管理框架 YARN

（2）Hadoop 发行版本。

Hadoop 的发行版本主要有以下 3 种。

① Apache Hadoop（不推荐，依赖和冲突较多）。

② CDH（推荐，安装方便，CDH 如果版本相同，基本没有冲突）。

③ HDP（国内不经常使用，但是比 Apache 用得多，缺点是安装和升级比较烦琐）。

（3）Hadoop 2.X 和 Hadoop 3.X 对比，如表 1.4 所示。

表 1.4　Hadoop 2.X 和 Hadoop 3.X 对比

标　　准	Hadoop 2.X	Hadoop 3.X
Java 版本	支持的最低 Java 版本为 Java 7	支持的最低 Java 版本为 Java 8
容错	容错由浪费空间的 Replication 处理	增加了 Erasure 编码处理进行容错和备份
存储空间	HDFS 的存储空间开销是 200%	HDFS 的存储空间开销是 50%

Hadoop 3.X 和 Hadoop 2.X 基本架构相同。

4）Hadoop 特性分析

（1）优点。

① 高扩展性（分布式架构）。

② 高效性：Hadoop 能够在节点之间动态地移动数据，并保证各个节点的动态平衡。

③ 高容错性：数据自动保存多个副本。

④ 低成本：Hadoop 并不需要运行在昂贵且高可靠的硬件上。

⑤ 高可靠性：Hadoop 按位存储和处理数据的能力值得人们信赖。

（2）不足。

① 不能做到低延迟，Hadoop 的主要目的是数据的吞吐量，而不是访问速度。

② 不适合大量的小文件存储。

③ 不适合多用户写入文件，修改文件（简化的一致性模型）。

5）4 种计算模式

（1）批量计算模式（批处理模式）。

批处理模式主要操作大容量静态数据集，适合离线计算，并在计算过程完成后返回结果，如图 1.39 所示。MapReduce 是典型的批处理计算引擎。批处理模式中使用的数据集通常符合下列特征。

① 有界：批处理数据集代表数据的有限集合。

② 持久：数据通常始终存储在某种类型的持久存储位置中。

③ 大量：批处理操作通常是处理海量数据集的方法。

（2）流式计算模式。

批处理系统往往要求等待一批数据到齐才开始处理，而流式计算系统通常能够对每条记录立即产生输出。适用流式计算的场景包括实时分析、在线机器学习、持续计算、迭代等，如图 1.40 所示。Storm、Spark 是典型的流式计算引擎。

（3）图计算模式。

图可以将各类数据关联起来：将不同来源、不同类型的数据融合到同一个图里进行分析，得到原本独立分析难以发现的结果；图的表示可以让很多问题处理得更加高效。例如，最短路径、连通分量等，只有用图计算的方式才能予以最高效的解决，如图 1.41 所示。专注于图计算的引擎包括 Neo4j、GraphX。

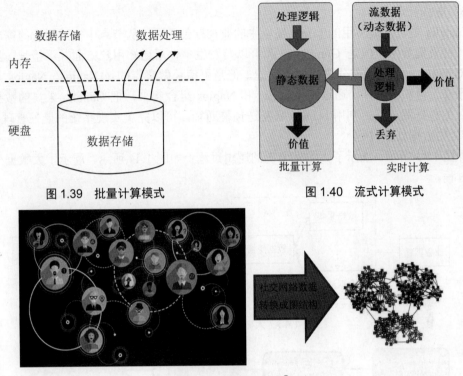

图 1.39　批量计算模式

图 1.40　流式计算模式

图 1.41　图计算模式①

（4）查询分析计算模式。

查询分析计算模式是网络解决用户交互式处理问题而产生的。传统的数据查询分析以结构化数据为主，因此关系数据库系统可以一统天下。但是，大数据时代往往是以半结构化和非结构化数据为主，结构化数据为辅，且大数据应用通常是对不同类型的数据进行内容检索、交叉对比、深度挖掘和综合分析，如图 1.42 所示。面对多种多样的应用需求，多家公司相继开发了分布式查询计算模式产品，代表产品包括 Dremel、Hive、Impala 等。

图 1.42　查询分析计算模式②

---

① 图片来源：https://product.suning.com/0070858148/11171916774.html
② 图片来源：https://www.sohu.com/a/131249338_267953

6）集群管理工具

Ganglia 是一款最常用的 Linux 环境中的监控软件，擅长从节点中按照用户的需求以较低的代价采集数据。但是 Ganglia 在预警以及发生事件后通知用户方面并不擅长，虽然最新的 Ganglia 已经有了部分这方面的功能，但是更擅长做警告的是 Nagios。Nagios 是一款精于预警、通知的软件。通过将 Ganglia 和 Nagios 组合起来，把 Ganglia 采集的数据作为 Nagios 的数据源，然后利用 Nagios 来发送预警通知，可以完美实现系统的监控管理功能。

7）大数据处理过程

如图 1.43 所示，展示了大数据分析的逻辑过程；如图 1.44 所示，展示了大数据分析的技术过程。

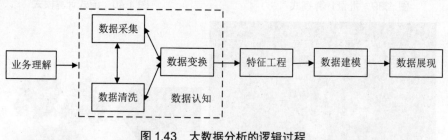

图 1.43　大数据分析的逻辑过程

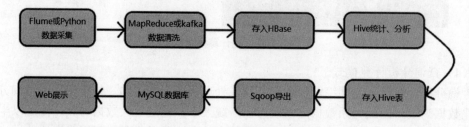

图 1.44　大数据分析的技术过程

（1）业务理解。

业务理解就是识别需求，识别需求是确保数据分析过程有效性的首要条件，可以为数据分析提供清晰的目标。识别需求是管理者的职责，管理者应根据决策和过程控制的需求，提出对数据分析的需求。识别需求要对数据敏感，树立正确的思维观，熟悉行业业务流程；主要目的是理解数据，解决分析什么的问题。

（2）数据认知。

数据建模之前，可以通过数据认知（描述性分析）来获得关于数据的外在特征，如数据的形状、数据的边界（最大/小值）和散布程度。通过数据认知得到数据总体概括和可视化的图形结果，对数据集有一个外在的理解。

（3）特征工程。

特征工程是将数据属性转换为指标的过程，属性代表了数据的所有维度，在数据建模时，如果对原始数据的所有属性进行学习，并不能很好地找到数据的潜在趋势，而通过特征工程对数据进行预处理，则能够减少算法模型所受到的噪声干扰，这样能够更好地找出趋势。事实上，好的特征甚至有助于使用简单的模型达到很好的效果。

（4）数据建模。

数据建模是从内涵视角认识数据，包括聚类分析、决策树分析、回归分析、神经网络、关联分析和时间序列分析等。

（5）模型评估与解释。

通过对以下问题的分析，评估模型的有效性。

① 提供决策的信息是否充分、可信，是否存在因信息不足、失准、滞后而导致决策失误的问题。

② 信息对持续改进质量管理体系、过程、产品所发挥的作用是否与期望值一致，是否在产品实现过程中有效运用数据分析。

③ 收集数据的目的是否明确，收集的数据是否真实和充分，信息渠道是否畅通。

④ 数据分析方法是否合理，是否将风险控制在可接受的范围。

⑤ 数据分析所需资源是否得到保障。

（6）数据展现。

数据展现即数据分析师把数据观点展示给业务的过程。除遵循各公司统一规范的原则外，具体形式还要根据实际需求和场景而定。如图 1.45 所示，展示了访问网站背后的大数据处理过程。

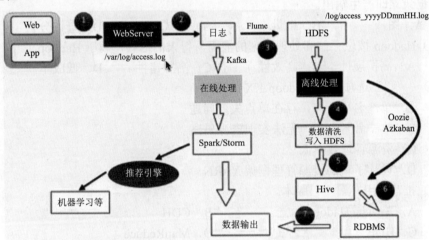

图 1.45 大数据处理过程案例[①]

2. 练习

1）单选题

（1）（　　）不是 Hadoop 相关项目。

　　A. Neo4j　　　　B. Hive　　　　C. HBase　　　　D. Zookeeper

提示：参考图 1.36。

（2）在大数据的计算模式中，流计算解决的是（　　）问题。

　　A. 针对大规模数据的批量处理

　　B. 针对大规模图结构数据的处理

　　C. 大规模数据的存储管理和查询分析

---

① 图片来源：https://zhuanlan.zhihu.com/p/29897059

    D．针对流数据的实时计算

（3）（ ）计算模式是为了解决用户交互式处理问题而产生的。

    A．图   B．批量   C．流式   D．查询分析

（4）（ ）适合离线计算。

    A．Tez   B．MapReduce C．Spark   D．HDFS

（5）（ ）适合图计算。

    A．Tez   B．MapReduce C．Spark   D．HDFS

（6）（ ）适合迭代计算。

    A．Tez   B．MapReduce C．Spark   D．HDFS

（7）计算最短路径问题适合使用（ ）计算模式。

    A．图   B．批量   C．流式   D．查询分析

（8）静态数据适合（ ）计算模式。

    A．图   B．批量   C．流式   D．查询分析

（9）批处理系统往往要求等待一批数据到齐才开始处理，而（ ）计算系统通常能够对每条记录立即产生输出。

    A．图   B．批量   C．流式   D．查询分析

（10）Hadoop 按位存储和处理数据的能力值得人们信赖，属于 Hadoop（ ）特性。

    A．高扩展性 B．高效性   C．高容错性   D．低成本

（11）（ ）选项不是 Hadoop 1.X 的不足。

    A．单一名称节点，存在单点失效问题

    B．单一命名空间，无法实现资源隔离

    C．资源管理效率低

    D．设计了新的资源管理框架 YARN

（12）推荐使用（ ）版本。

    A．Apache Hadoop   B．CDH

    C．HDP   D．MapReduce

2）填空题

（1）Hadoop 2.X 结构比 Hadoop 1.X 结构增加了（ ）。

提示：参考图 1.38。

（2）Hadoop 在企业中应用架构样本分为（ ）层。

提示：参考图 1.37。

3）判断题

（1）Hadoop 计算主要目的是数据的吞吐量，而不是访问速度。   （ ）

（2）Hadoop 1.X 和 Hadoop 2.X 没有本质区别。   （ ）

（3）Hadoop 3.X 和 Hadoop 2.X 基本架构相同。   （ ）

（4）Hadoop 适合大量的小文件存储。   （ ）

（5）Hadoop 需要运行在昂贵且高可靠的硬件上。   （ ）

（6）CDH 如果版本相同，基本没有冲突。   （ ）

（7）Ganglia 不仅可以进行监控，也可以进行告警。   （ ）

（8）Nagios 不可以监控 Hadoop 集群，因为它不提供 Hadoop 支持。　　　（　　）

4）多选题

（1）（　　）是 Hadoop 的组件。

    A．Hive　　　　　B．HBase　　　　　C．Spark　　　　　D．GFS

（2）Hadoop 在企业中的应用架构包括（　　）。

    A．访问层　　　　B．大数据层　　　　C．业务逻辑层　　　D．业务执行层

（3）在企业的应用架构中，Hadoop 访问层的功能是（　　）。

    A．数据分析　　　　　　　　　　　B．数据实时查询

    C．数据挖掘　　　　　　　　　　　D．数据采集

（4）（　　）是大数据处理模式。

    A．批量计算　　　B．流式计算　　　C．图计算　　　　D．查询分析计算

（5）Hadoop 的优点包括（　　）。

    A．高扩展性　　　B．高效性　　　　C．高容错性　　　D．低成本

（6）适合批处理的数据具有（　　）特征。

    A．有界　　　　　B．持久　　　　　C．大量　　　　　D．结构化

（7）Hadoop 的发行版包括（　　）。

    A．Cloudera　　　　　　　　　　　B．Hortonworks

    C．MapReduce　　　　　　　　　　D．华为

（8）构建在 MapReduce 之上的计算引擎包括（　　）。

    A．HBase　　　　B．Hive　　　　　C．Pig　　　　　D．Redis

（9）构建在 HBase 之上的计算引擎包括（　　）。

    A．Solr　　　　　B．Hive　　　　　C．Pig　　　　　D．Redis

（10）适用流式计算的场景包括（　　）。

    A．实时分析　　　　　　　　　　　B．在线机器学习

    C．持续计算　　　　　　　　　　　D．迭代

5）简答题

（1）简述 Hadoop 生态。

（2）简述批量计算模式的特性。

（3）分析 Hadoop 优缺点。

（4）对比 Hadoop 1.X 和 Hadoop 2.X。

1.3　大数据运维

1. 基础知识

1）大数据平台运维师职责

集群出现的问题无数，保证在不停机的情况下业务正常运转，就是大数据运维师的职责，如图 1.46 所示。

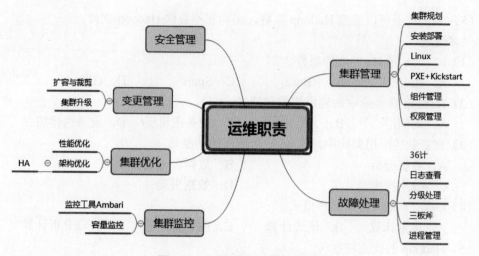

图 1.46　大数据平台运维师职责

运维核心是故障管理，商用硬件出现使用故障是常态。

2）集群部署步骤

集群部署步骤，如图 1.47 所示。

图 1.47　集群部署步骤

3）大数据平台运维能力

（1）初级能力模型，如图 1.48 所示。

大数据平台配置
Hadoop 平台基础环境配置
Hadoop 文件参数配置
Hadoop 集群运行与停止

大数据平台实施
小型大数据平台实施方案设计
大数据平台基础问题处理流程

大数据平台安装
虚拟化技术
Linux 操作系统
Hadoop 平台安装

大数据平台组件安装配置
HBase 组件安装配置
Hive 组件安装配置
Zookeeper 组件安装配置
Sqoop 组件安装配置
Flume 组件安装配置

大数据平台监控
大数据平台监控命令
大数据平台监控界面与
服务管理
大数据平台告警与日志
信息监控

图 1.48　大数据平台运维初级能力模型

（2）中级能力模型，如图 1.49 所示。

（3）高级能力模型，如图 1.50 所示。

4）关于大数据运维

（1）大数据运维和传统运维的不同。

① 传统运维面对的底层软硬件基本稳固，大数据运维面对的是商用硬件和复杂的 Linux 版本。

② 传统运维以单机架构为主，大数据运维面对的是复杂的分布式架构。

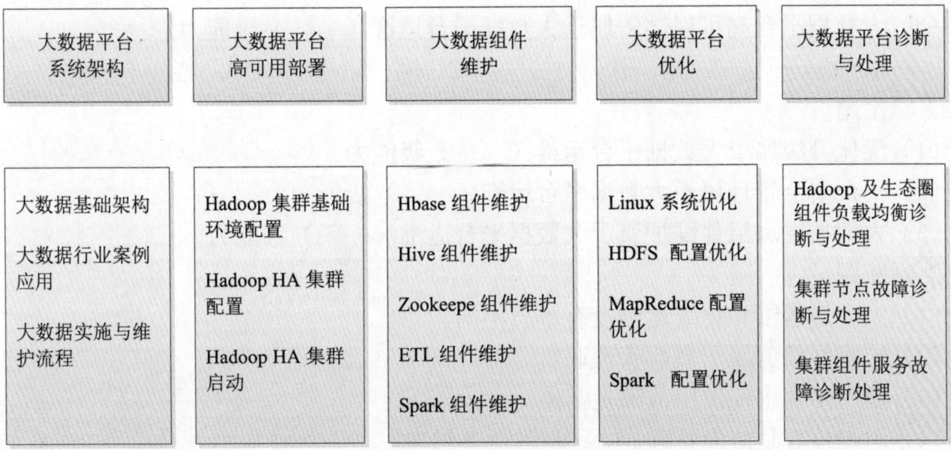

图 1.49　大数据平台运维中级能力模型

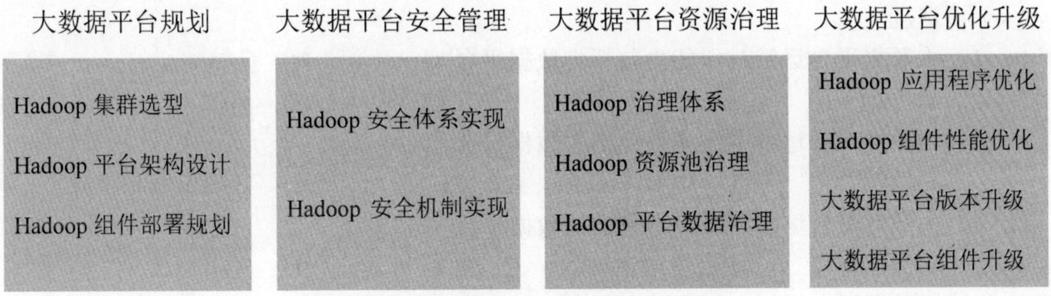

图 1.50　大数据平台运维高级能力模型

③ 传统运维大多维护闭源商业版系统,大数据运维通常面对开源系统,文档手册匮乏,对阅读源代码要求高。

④ 大数据运维对自动化工具的依赖大大增加。

（2）三板斧。

① 重启。重启有问题的机器,使其正常工作。

② 切换。主备切换或主主切换,链接正常工作的节点。

③ 查杀。查杀有问题的进程、链接等。

三板斧可以完成 90%以上的故障处理工作。

2. 练习

1）单选题

（1）集群变更管理不包括（　　）。

　　A. 集群升级　　B. 集群扩容　　C. 安全管理　　D. 集群剪裁

（2）三板斧可以完成（　　）以上的故障处理工作。

　　A. 60%　　　　B. 70%　　　　C. 80%　　　　D. 90%

（3）主备切换或主主切换,链接正常工作的节点属于运维三板斧的（　　）。

　　A. 查杀　　　　B. 切换　　　　C. 重启　　　　D. 链接

（4）大数据平台高可用部署属于大数据平台运维（　　）级能力。

    A．初   B．中   C．高   D．特

2）填空题

（1）优化升级属于大数据平台运维（　　）级能力。

（2）平台安全管理属于大数据平台运维（　　）级能力。

（3）大数据生态组件维护属于大数据平台运维（　　）级能力。

3）判断题

（1）大数据运维和传统运维没有本质不同。（　　）

（2）扩容与裁剪属于集群管理职责。（　　）

（3）商用硬件出现使用故障是常态。（　　）

（4）运维核心是故障管理。（　　）

（5）集群出现的问题无数，保证在不停机的情况下业务正常运转，就是大数据运维师的职责。（　　）

4）多选题

（1）大数据平台运维初级能力包括大数据平台（　　）。

    A．安装   B．配置   C．实施   D．监控

（2）大数据平台运维中级能力包括大数据平台（　　）。

    A．优化   B．配置   C．实施   D．故障诊断与排除

（3）大数据平台运维高级能力包括大数据平台（　　）。

    A．优化   B．资源治理   C．规划   D．升级

（4）大数据平台规划包括大数据平台（　　）。

    A．选型   B．资源治理   C．架构设计   D．部署规划

（5）大数据平台安装包括（　　）。

    A．虚拟机安装   B．Linux 安装

    C．平台基础环境配置   D．Hadoop 安装

（6）大数据平台安装包括（　　）。

    A．文件参数配置   B．集群运行与停止

    C．平台基础环境配置   D．HBase 配置

（7）故障处理方法包括（　　）。

    A．36 计   B．三板斧   C．日志查看   D．进程管理

（8）故障处理三板斧是指（　　）。

    A．重启   B．切换   C．查杀   D．查看日志

（9）变更管理的任务包括（　　）。

    A．优化   B．扩容   C．升级   D．裁剪

5）简答题

（1）简述大数据平台运维师职责。

（2）简述部署集群的一般步骤。

（3）简述大数据运维和传统运维有什么不同。

第 2 章

集群基础环境搭建与运维

2.1 集群规划

1. 基础知识

Hadoop 分布式集群环境搭建是让每个新手都非常头疼的事情，因为可能花费了很长时间来搭建运行环境，最终却不知道是什么原因无法创建成功。对新手来说，运行环境搭建失败的概率还是很高的，所以，在正式搭建集群前做好集群规划是很有必要的。集群规划任务，如图 2.1 所示。

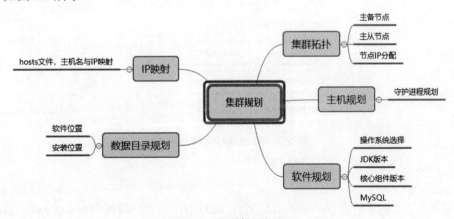

图 2.1　集群规划任务

1）IP 映射

在 CentOS 7 中，查看主机名命令 hostname，永久修改主机名，可以编辑文件/etc/hostname。IP 映射的配置文件名称是/etc/hosts，hosts 的内容一般有如下类似内容。

192.168.1.100 hadoop01
192.168.1.110 hadoop02
192.168.1.120 hadoop03
…

2）集群拓扑

（1）Hadoop 1.X 集群拓扑。

集群拓扑就是规定节点个数、主备节点和 IP 地址分配。如图 2.2 所示集群由 10 个节点组成，把 hadoop01 作为主节点，hadoopa02 作为备份节点。

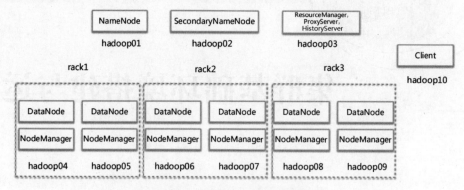

图 2.2 Hadoop 1.X 集群拓扑

（2）Hadoop 2.X 集群拓扑，如图 2.3 所示。在图 2.3 中，分配了两个主节点，即 hadoop01 和 hadoop04。

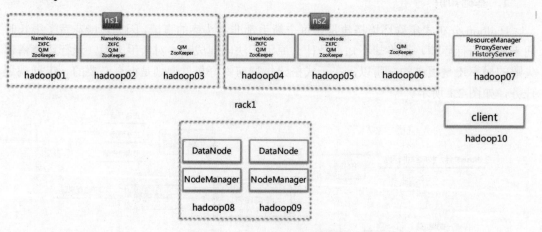

图 2.3 Hadoop 2.X 集群拓扑

其中，ns 为命名空间，rack 为机架。

3）主机规划

制定各个节点的守护进程，以图 2.2 为例，hadoop01 的守护进程为 NameNode；hadoop02 的守护进程为 SecondaryNameNode；hadoop03 的守护进程为 ResourceManager，ProxyServer，HistoryServer；hadoop04～hadoop09 的守护进程为 DataNode，NodeManager。

4）软件规划

软件规划包括 Linux 版本、JDK 版本、Hadoop 版本、数据库、Zookeeper 版本、HBase

版本、Hive 版本、Flume 版本等。

5）数据目录规划

为了方便集群管理，需要规定组件压缩文件存放位置、组件安装位置和临时数据存放位置。

2. 练习

1）单选题

（1）（　　）不是在搭建集群前需要规划的选项。

    A. 软件规划　　B. 服务规划　　C. 主机规划　　D. 数据目录规划

（2）在软件规划中，（　　）不是需要的软件。

    A. JDK　　 B. Hadoop　　C. Zookeeper　　D. SQL Server

（3）master/slave 属于（　　）规划。

    A. 主机　　 B. 软件　　 C. 拓扑　　 D. 数据目录

（4）主机规划包括（　　）规划。

    A. IP 映射　　B. 拓扑结构　　C. 守护进程　　D. 数据目录

（5）Hadoop 2.X 集群可以有（　　）个主节点。

    A. 1　　 B. 2　　 C. 3　　 D. 4

（6）在 CentOS 7 中，想要永久修改主机名，可以编辑（　　）文件。

    A. /etc/sysconfig/network　　 B. /etc/sysconfig/network/ifcfg

    C. /etc/sysctemd　　 D. /etc/network

（7）在 CentOS 7 中，如果想要查看本机的主机名可以使用（　　）命令。

    A. pwd　　 B. hostname　　C. reboot　　D. tail

2）填空题

（1）IP 映射的配置文件名称是（　　）。

（2）想要修改 IP 地址和主机名之间的映射，实现快速方便地访问，需要修改（　　）下的 hosts 文件内容。

（3）想要永久修改主机名，需要修改/etc 下的（　　）文件内容。

3）判断题

（1）Hadoop 1.X 和 Hadoop 2.X 集群拓扑本质上没有区别。（　　）

（2）Hadoop 1.X 可以有两个不同的命名空间。（　　）

（3）Hadoop 2.X 只能有两个不同的命名空间。（　　）

（4）开始搭建集群前做好集群规划是很有必要的。（　　）

4）多选题

（1）集群规划内容包括（　　）。

    A. 集群拓扑　　 B. 主机规划

    C. 数据目录规划　　 D. 软件规划

（2）Hadoop 2.X 集群主节点的守护进程包括（　　）。

    A. DataNode　　 B. NameNode

    C. NodeManager　　 D. QJM

5）简答题

（1）画出由 10 台机器组成的 Hadoop 2.X 集群拓扑。

（2）简述集群规划任务。

2.2 虚拟机与 Linux

1．基础知识

1）虚拟机

所谓虚拟机（virtual machine），就是通过软件技术虚拟出来的一台计算机，它在使用层面和真实的计算机并没有什么区别。

常见的虚拟机软件有 VMware Workstation（简称 VMware）、VirtualBox、Microsoft Virtual PC 等，其中 VMware 市场占有率最高。

2）Linux

（1）Linux 版本，如表 2.1 所示。

表 2.1　Linux 版本

	Red Hat	Ubuntu	CentOS	debian	fedora
Logo					
推出时间	2002	2004	2003	1993	2004
创始人	Bob Young	Mark Shuttleworth		Ian Murdock	Bob Young
是否免费	否	是	是		是
稳定性/级	1	4	2	3	1
软件包管理	YUM	APT	YUM/RPM	APT	YUM/RPM
用户界面/级	3	1	2	4	5
社区	可以	丰富	丰富	差	差
兼容性	最好	兼容 debian 差			
质量控制				最佳	
服务对象	企业/个人	个人	企业/个人		企业

注：数字代表评分，5 分最高

除表 2.1 中的版本外，还有其他版本的 Linux，如 Gentoo 和 OpenSUSE 等。

① Red Hat 系列。

Red Hat 是资深 Linux 用户的首选，它拥有强大的 RPM 软件包管理系统，界面更加简洁，如果不喜欢太多花哨的桌面系统，可以考虑使用 Red Hat 系列包括 RHEL（Red Hat Enterprise Linux，也就是所谓的 Red Hat Advance Server，收费版本）、Fedora Core（由原来的 Red Hat 桌面版本发展而来，免费版本）和 CentOS（RHEL 的社区复制版本，免费版本）。Red Hat 是国内使用得最多的 Linux 版本，甚至有人将 Red Hat 等同于 Linux，有些资深用户更是只用这一个版本的 Linux。所以这个版本的特点就是使用人数多，资料多，言下之意就是如果在学习过程中遇到问题，很容易找相关的人来请教，而且网上的 Linux 教程也大多是以 Red Hat 为例来讲解的。Red Hat 系列的包管理方式采用的是基于 RPM 包的 YUM 包管理方式，包分发方式是编译好的二进制文件。在稳定性方面，RHEL 和 CentOS 的稳定性非常好，适合服务器使用，但是 Fedora Core 的稳定性较差，最好只用于桌面应用。

② debian 系列。

debian 系列包括 debian 和 ubuntu 等。debian 是社区类 Linux 的典范，是迄今为止最遵循 GNU 规范的 Linux 系统。debian 最早由 Ian Murdock 于 1993 年创建，分为 3 个版本分支（branch）：stable、testing 和 unstable。其中，unstable 为最新的测试版本，包括最新的软件包，但是也有相对较多的漏洞，适合桌面用户。testing 版本都经过 unstable 的测试，相对较为稳定，也支持了不少新技术（如 SMP 等）。而 stable 一般只用于服务器，上面的软件包大部分都比较过时，但是稳定性和安全性都非常高。debian 最具特色的是 apt-get/dpkg 包管理方式，其实 Red Hat 的 YUM 也是在模仿 debian 的 APT 方式，但在二进制文件发行方式中，APT 显得更好。debian 的资料也很丰富，有很多支持的社区可供用户学习。

③ Gentoo 系列。

Gentoo 是目前各 Linux 版本中最晚发行的版本，因为最晚，所以能吸取之前所有发行版本的优点，这也是 Gentoo 被称为"最完美的 Linux 发行版本"的原因之一。Gentoo 最初由 Daniel Robbins（FreeBSD 的开发者之一）创建，首个稳定版本发布于 2002 年。由于开发者对 FreeBSD 的熟识，Gentoo 拥有可以与 FreeBSD 相媲美的广受赞誉的 ports 系统——Portage 包管理系统。不同于 APT 和 YUM 等二进制文件分发的包管理系统，Portage 是基于源代码分发的，必须编译后才能运行，因此对于大型软件而言比较慢。不过正因为所有软件都是在本地机器编译的，所以在经过各种定制的编译参数优化后，能将机器的硬件性能发挥到极致。Gentoo 的安装较为复杂，但安装完成后便于管理，在相同的硬件环境下运行也比较快。

④ FreeBSD。

需要强调的是，FreeBSD 并不是一个 Linux 系统。但 FreeBSD 与 Linux 的用户群有相当一部分是重合的，二者支持的硬件环境也比较一致，所采用的软件也比较类似，所以可以将 FreeBSD 视为一个 Linux 版本来比较。FreeBSD 拥有两个分支：stable 和 current。顾名思义，stable 是稳定版，而 current 则是添加了新技术的测试版。FreeBSD 采用 Ports 包管理系统，与 Gentoo 类似，基于源代码分发，必须在本地机器编译后才能运行，但是 Ports 系统没有 Portage 系统使用简便，使用起来稍微复杂一些。FreeBSD 的最大特点就是稳定和高效，是服务器操作系统的最佳选择，但对硬件的支持没有 Linux 完备，所以并不适合作为桌面系统。

⑤ OpenSUSE。

OpenSUSE 是欧洲非常流行的一个 Linux 版本，由 Novell 公司发行，号称是世界上最华丽的操作系统，独家开发的软件管理程序 zypper|| yast 得到了众多用户的赞美，和 Ubuntu 一样，支持 KDE 和 gnome、xface 等桌面，桌面特效比较丰富，缺点是 KDE 虽然华丽多彩，但比较不稳定。新手使用 OpenSUSE 系统很容易上手。

（2）Linux 系统目录结构，如图 2.4 所示。

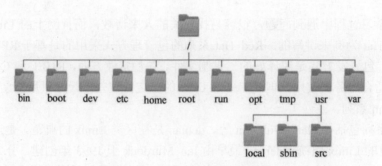

图 2.4 Linux 系统目录结构

① /bin：bin 是 Binary 的缩写，这个目录存放着最常使用的命令。

② /boot：存放启动 Linux 时使用的一些核心文件，包括一些镜像文件。

③ /dev：dev 是设备（Device）的英文缩写。/dev 这个目录对所有的用户都十分重要。因为在这个目录中包含了 Linux 系统中使用的所有外部设备。但是这里存放的并不是外部设备的驱动程序，这一点和 Windows、DOS 操作系统不一样。它实际上是一个访问这些外部设备的端口。人们可以非常方便地去访问这些外部设备，和访问一个文件、一个目录没有任何区别。

④ /etc：这个目录用来存放所有的系统管理所需要的配置文件和子目录，示例如下。

❑ profile：环境变量配置文件，修改后需要执行 source 命令，让修改生效。

❑ hostname：主机名配置文件。

❑ hosts：IP 映射配置文件。

❑ sysconfig/network：指定服务器上的网络配置信息。

⑤ /home：用户的主目录，在 Linux 中，每个用户都有一个自己的目录，一般该目录名是以用户的账号命名的。

⑥ /root：该目录为系统管理员（也称作超级权限者）的用户主目录。

⑦ /run：是一个临时文件系统，存储系统启动以来的信息。当系统重启时，这个目录下的文件应该被删除或清除。如果系统上有/var/run 目录，应该让它指向 run。

⑧ /opt：这是给主机额外安装软件所存放的目录。

⑨ /tmp：这个目录是用来存放一些临时文件的。

⑩ /usr：这是一个非常重要的目录，用户的很多应用程序和文件都存放在这个目录下，类似于 Windows 下的 program files 目录。

⑪ /usr/local：用户级的软件目录，用来存放用户安装编译的软件，用户自己编译安装的软件也默认存放在这里。

⑫ /usr/sbin：超级用户使用的比较高级的管理程序和系统守护程序。

⑬ /usr/src：内核源代码默认的放置目录。

⑭ /var：这是一个非常重要的目录，系统上运行了很多程序，每个程序都会有相应的日志产生，而这些日志就被记录到这个目录下，即在/var/log 目录下，另外 mail 的预设放置也是在这里。

如果一个目录或文件名以一个点（.）开始，表示这个目录或文件是一个隐藏目录或文件（如.bashrc）。

（3）文件属性，如图 2.5 所示。

```
hadoop@ubuntu:/etc$ ll
total 1300
drwxr-xr-x 147 root root    12288 12月 28 04:37 ./
drwxr-xr-x  24 root root     4096 12月 28 04:36 ../
drwxr-xr-x   3 root root     4096 4月  20  2016 acpi/
-rw-r--r--   1 root root     3028 4月  20  2016 adduser.conf
drwxr-xr-x   2 root root    12288 11月 30 14:49 alternatives/
-rw-r--r--   1 root root      401 12月 28  2014 anacrontab
drwxr-xr-x   3 root root     4096 4月  20  2016 apache2/
-rw-r--r--   1 root root      112 1月  10  2014 apg.conf
drwxr-xr-x   6 root root     4096 4月  20  2016 apm/
drwxr-xr-x   3 root root     4096 10月 13 06:13 apparmor/
drwxr-xr-x   8 root root     4096 12月 28 04:34 apparmor.d/
drwxr-xr-x   5 root root     4096 7月  28 21:25 apport/
```

图 2.5　文件属性

1：1 位，文件的类型（d：目录；-：普通文件；l：链接文件）。

2：9 位，文件的权限（r：读权限；w：写权限；x：执行权限；-：无权限）。

3：3 位，文件的硬链接数。

4：4 位，属主。

5：4 位，属组。

6：8 位，文件的大小。对于目录而言，只是目录本身的大小，而不是文件内容的大小。

7：10 位，默认是文件的修改时间。

8：目录名或文件名。

（4）文件权限。

① 文件权限解读，如图 2.6 所示。

```
【d】      【rwx】      【rwx】      【rwx】
  ↑         ↑           ↑           ↑
d:目录      u           g           o
*.文件     用户         组          其他
```

图 2.6　文件权限解读

② 权限的分数。

r：4　　　w：2　　　　x：1　　　-：0

每种身份（u/g/o）的 3 个权限（r/w/x）分数是需要累加的，例如，若权限为[-rwxr-x---]，则分数为 750：

owner = rwx = 4+2+1 = 7

group = r-x = 4+0+1 = 5

others= --- = 0+0+0 = 0

3）用户管理

Linux 系统是一个多用户多任务的分时操作系统，任何一个要使用系统资源的用户，都必须首先向系统管理员申请一个账号，然后以这个账号的身份进入系统。

用户的账号一方面可以帮助系统管理员对使用系统的用户进行跟踪，并控制他们对系统资源的访问；另一方面可以帮助用户组织文件，并为用户提供安全性保护。

（1）用户账号的添加、删除与修改。

① 添加新的用户账号使用 useradd 命令，其格式如下。

> useradd 选项 用户名

选项如下。

-c comment：指定一段注释性描述。

-d：指定用户主目录，如果此目录不存在，则同时使用-m 选项，可以创建主目录。

-g：指定用户所属的用户组。

-G：指定用户所属的附加组。

-s：指定用户的登录 shell。

-u：指定用户的用户号，如果同时有-o 选项，则可以重复使用其他用户的标识号。

实例：

> # useradd -d　/home/sam -m sam

此命令创建了一个用户 sam，其中-d 和-m 选项用来为登录名 sam 产生一个主目录 /home/sam（/home 为默认的用户主目录所在的父目录）。

② 删除一个已有的用户账号使用 userdel 命令，其格式如下。

> userdel 选项 用户名

选项如下。

-r：把用户的主目录一起删除。

③ 修改已有用户的信息使用 usermod 命令，其格式如下。

> usermod 选项 用户名

选项包括-c、-d、-m、-g、-G、-s、-u 和-o 等，这些选项的意义与 useradd 命令中的选项一样，可以为用户指定新的资源值。

（2）用户口令的管理。

> passwd 选项 用户名

选项如下。

-l：锁定口令，即禁用账号。

-u：口令解锁。

-d：使账号无口令，即不再允许该用户登录。

-f：强迫用户下次登录时修改口令。

（3）用户组的管理（每个用户都有一个用户组）。

① 增加一个新的用户组使用 groupadd 命令，其格式如下。

> groupadd 选项 用户组

选项如下。

-g：指定新用户组的组标识号（GID）。

实例：

```
# groupadd group1
```

此命令向系统中增加了一个新组 group1。

```
# groupadd -g 101 group2
```

此命令向系统中增加了一个新组 group2，同时指定新组的组标识号是 101。

② 删除一个已有的用户组使用 groupdel 命令，其格式如下。

```
groupdel  用户组
```

③ 修改用户组的属性使用 groupmod 命令，其格式如下。

```
groupmod  选项  用户组
```

选项如下。

-g：为用户组指定新的组标识号。

-n：将用户组的名字改为新名。

实例：

```
# groupmod -g 102 group2
```

此命令将组 group2 的组标识号修改为 102。

```
# groupmod -g 10000 -n group3 group2
```

此命令将组 group2 的标识号修改为 10000，组名修改为 group3。

4）文本编辑器

所有的 UNIX-like 系统都会内建 vi 文书编辑器，其他的文书编辑器则不一定会存在。但是目前使用比较多的是 vim 编辑器。vim 具有程序编辑的能力，可以主动地以字体颜色辨别语法的正确性，方便程序设计。vi/vim 的 3 种模式，如图 2.7 所示。

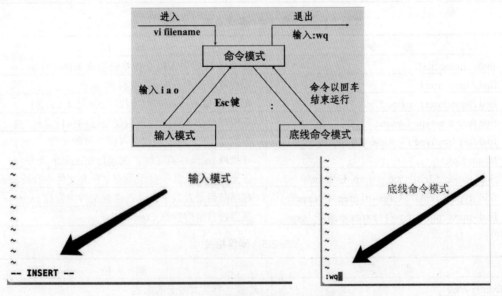

图 2.7　文本编辑器 vi/vim 的 3 种模式

5）Linux 系统常用命令（见表 2.2～表 2.7）

表 2.2　文件与目录操作

命　　令	解　　析
cd /home	进入/home 目录
cd ..	返回上一级目录
cp file1 file2	将 file1 复制为 file2
cp -a dir1 dir2	复制一个目录
cp -a /tmp/dir1 .	复制一个目录到当前工作目录（.代表当前目录）
ls	查看目录中的文件
ls -a	显示隐藏文件
ls -l	显示详细信息
pwd	显示工作路径
mkdir dir1	创建 dir1 目录
mkdir -p /tmp/dir1/dir2	创建一个目录树
mv dir1 dir2	移动/重命名一个目录
rm -f file1	删除 file1
rm -rf dir1	删除 dir1 目录及其子目录内容

表 2.3　查看文件内容

命　　令	解　　析
cat file1	从第一个字节开始正向查看文件的内容
head -2 file1	查看一个文件的前两行
more file1	查看一个长文件的内容
tail -3 file1	查看一个文件的最后 3 行
vi file	打开并浏览文件

表 2.4　查找文件

命　　令	解　　析
find / -name file1	从 "/" 开始进入根文件系统查找文件和目录
find / -user user1	查找属于用户 user1 的文件和目录
find /home/user1 -name *.bin	在目录/ home/user1 中查找以.bin 结尾的文件
find /usr/bin -type f -atime +100	查找在过去 100 天内未被使用过的执行文件
find /usr/bin -type f -mtime -10	查找在 10 天内被创建或者修改过的文件
locate *.ps	寻找以.ps 结尾的文件，先运行 updatedb 命令
find -name '*.[ch]' | xargs grep -E 'expr'	在当前目录及其子目录所有.c 和.h 文件中查找 expr
find -type f -print0 | xargs -r0 grep -F 'expr'	在当前目录及其子目录的常规文件中查找 expr
find -maxdepth 1 -type f | xargs grep -F 'expr'	在当前目录中查找 expr

表 2.5　网络相关

命　　令	解　　析
ifconfig eth0	显示一个以太网卡的配置
ifconfig eth0 192.168.1.1 netmask 255.255.255.0	配置网卡的 IP 地址

续表

命　　令	解　　析
ifdown eth0	禁用 eth0 网络设备
ifup eth0	启用 eth0 网络设备
iwconfig eth1	显示一个无线网卡的配置
iwlist scan	显示无线网络
ip addr show	显示网卡的 IP 地址
ifconfig	查看本机 IP 地址信息

表 2.6　系统相关

命　　令	解　　析
su -	切换到 root 权限（与 su 有区别）
shutdown -h now 或 halt	关机
shutdown -r now 或 reboot	重启
top	罗列使用 CPU 资源最多的 Linux 任务（输入 q 退出）
pstree	以树状图显示程序
passwd sa	为用户 sa 设置密码
df -h	显示磁盘的使用情况
cal -3	显示前一个月、当前月以及下个月的月历
cal 10 1988	显示指定月、年的月历
date -date '1970-01-01 UTC 1427888888 seconds'	把相对于 1970-01-01 00:00 的秒数转换成时间
chown -R hadoop:hadoop ./spark	hadoop 是当前登录 Linux 系统的用户名，把当前目录下的 spark 子目录的所有权限赋给用户 hadoop
exit	退出并关闭 Linux 终端
echo $HOSTNAME	显示 HOSTNAME 环境变量的值
man ls	获取 ls 帮助，获取其他命令帮助同理，等价于 ls --help
useradd –d /usr/sa -m sa	创建一个用户 sa
jps	查看进程
chmod 777 file	修改 file 权限为 777
clear 或 reset 或 Ctrl+l	清屏

表 2.7　压缩、解压

命　　令	解　　析
tar -cvf archive.tar file1	把 file1 打包成 archive.tar（-c：建立压缩档案；-v：显示所有过程；-f：使用档案名字，是必需的，是最后一个参数）
tar -cvf archive.tar file1 dir1	把 file1 和 dir1 打包成 archive.tar
tar -tf archive.tar	显示一个包中的内容
tar -xvf archive.tar	释放一个包
tar -xvf archive.tar -C /tmp	把压缩包释放到/tmp 目录下
zip file1.zip file1	创建一个 zip 格式的压缩包
zip -r file1.zip file1 dir1	把文件和目录压缩成一个 zip 格式的压缩包
unzip file1.zip	解压一个 zip 格式的压缩包到当前目录
unzip test.zip -d /tmp/	解压一个 zip 格式的压缩包到/tmp 目录

2．练习

1）单选题

（1）查看主机 IP 的 Linux 命令是（　　）。

    A．pwd　　　　　B．jps　　　　　C．ifconfig　　　D．ls

（2）解压.tar.gz 结尾的 HBase 压缩包使用的 Linux 命令是（　　）。

    A．tar -zxvf　　B．tar -zxfv　　C．tar -zfxv　　D．tar -xzvf

（3）在 Linux 中，如果要查看当前目录可以使用（　　）命令。

    A．pwd　　　　　B．ifconfig　　　C．vi　　　　　D．jps

（4）Linux 下使用 tar 命令解压*.gz 文件，一般需要指定参数（　　）。

    A．-xzvf　　　　B．-zxfv　　　　C．-zxvf　　　　D．-v zxf

（5）用户查看某一文件的权限为 660，则该用户对此文件有（　　）权限。

    A．可读、可写、可执行　　　　　B．可读、不可写、不可执行

    C．不可读、可写、可执行　　　　D．可读、可写、不可执行

（6）在 Linux 系统中，使用 chmod 指令变更权限时，（　　）即次目录下的所有文件也都会同时变更。

    A．-a　　　　　B．-1　　　　　C．-P　　　　　D．-R

（7）（　　）不是 Windows 环境下 Linux 仿真工具。

    A．CentOS　　　　　　　　　　B．VMware Workstation

    C．SecureCRT　　　　　　　　　D．SecureFX

（8）在 Windows 下登录 Linux 服务器主机的软件是（　　）。

    A．CentOS　　　　　　　　　　B．VMware Workstation

    C．SecureCRT　　　　　　　　　D．SecureFX

（9）可以更加有效地实现文件的安全传输的软件是（　　）。

    A．CentOS　　　　　　　　　　B．VMware Workstation

    C．SecureCRT　　　　　　　　　D．SecureFX

（10）Linux 操作系统的关机指令为（　　）。

    A．reboot　　　B．shutdown　　C．quit　　　　D．exit

（11）Linux 系统安装过程中最多可以有 4 个分区，最少需要一个分区，这个分区是（　　）。

    A．/　　　　　　B．/home　　　　C．/usr　　　　D．/root

（12）一般来说，Linux 用户的登录方式有 3 种，不包括（　　）。

    A．命令行登录　　　　　　　　B．SSH 登录

    C．图形界面登录　　　　　　　D．OS 验证登录

（13）Linux 系统中更改文件属性使用的指令是（　　）。

    A．change　　　B．chgrp　　　　C．chown　　　　D．chmod

（14）（　　）用户是 Linux 系统的管理员，也称为超级用户。

    A．user　　　　B．group　　　　C．root　　　　D．others

（15）Linux shell 有 4 种变量，其中不包括（　　）。

A. 环境变量　　B. 位置变量　　　C. 特殊变量　　　D. 随机变量

（16）在 Linux 系统中，使用 mv 指令移动文件/目录，或修改名称，（　　）参数强制执行该操作，即如果目标文件已经存在，不会询问而是直接覆盖。

A. -f　　　　　B. -i　　　　　C. -u　　　　　D. -r

提示：

-i：若指定目录已有同名文件，则先询问是否覆盖旧文件。

-f：在 mv 操作要覆盖某已有的目标文件时不给任何指示。

（17）在 Linux 系统中，使用（　　）指令可以在普通用户和超级用户之间进行切换。

A. su　　　　　B. sudo　　　　C. login　　　　D. cd

提示：

从普通用户切换为超级用户：sudo su；

从超级用户切换为普通用户：su 用户名。

（18）在 Linux 系统中，文件的读、写、执行 3 种权限的标识字符分别是（　　）。

A. r，w，d　　B. r，w，x　　　C. r，w，s　　　D. r，w，z

（19）如果对 filename.txt 文件执行了 $chmod746filename.txt 命令，那么该文件的权限是（　　）。

A. rwxr-xr-x　B. rwxrw-r--　　C. rwxr-rw-　　　D. rwx-w--wx

（20）在 Linux 系统中，使用（　　）命令来一页一页地查看文件的内容。

A. cat　　　　B. head　　　　C. next　　　　D. more

（21）删除一个已有的用户账号使用（　　）命令。

A. deluser　　B. delete user　C. userdel　　　D. remove user

（22）usermod 命令的功能是（　　）。

A. 增加用户　　B. 删除用户　　C. 修改用户　　D. 修改用户密码

（23）拥有全部权限的分数是（　　）。

A. 666　　　　B. 777　　　　C. 888　　　　D. 999

（24）在 CentOS 7 中，可以使用（　　）命令查看隐藏目录或文件。

A. ls -a　　　B. ls -l　　　C. ls -b　　　D. ls -C

（25）当想要修改 CentOS 7 中的环境变量时，可以修改（　　）文件。

A. /etc/profile　B. /etc/hosts　　C. .bash.profile　D. /etc/network

（26）（　　）目录是 Linux 用户的主目录，每个用户都有自己的主目录。

A. /bin　　　　B. /home　　　C. /root　　　　D. /usr

（27）在 CentOS 7 中，如果要查看本机的 IP 地址，可以使用（　　）命令。

A. ipcat　　　B. ifconfig　　C. IP　　　　　D. ping

2）填空题

（1）编辑文件 hosts.txt 的 Linux 命令为（　　）。

（2）在 Linux 下用 vi 编辑文件后保存退出的命令为（　　）。

（3）将文件 hosts.txt 改名为 hosts.xml 的 Linux 命令为（　　）。

（4）查看已激活的网卡的命令为（　　）。

（5）查看全部网卡的命令为（　　）。

（6）自动获取 IP 的参数是（　　　　）。

（7）查看文件 hosts.txt 的 Linux 命令为（　　　　）。

（8）切换到普通用户 py 的命令为（　　　　）。

（9）切换到超级用户的命令为（　　　　）。

（10）删除用户 py 的命令为（　　　　）。

（11）查看当前目录的 Linux 命令为（　　　　）。

（12）查看进程的 Linux 命令为（　　　　）。

（13）复制文件 hosts.txt 到/usr 的 Linux 命令为（　　　　）。

（14）使用命令指定目录，解压 Hadoop 压缩包到/usr 下，可以使用命令 tar -zxvf haddop-2.7.3.tar -（　　　　）/usr。

提示：

① *.tar 或*.gz 解压。

tar -zxvf 压缩文件　-C 目录的路径

tar -zxvf 压缩文件　【解压到当前路径下】

② *.zip 解压。

unzip 压缩文件　【解压到当前路径下】

（15）显示当前目录下信息的 Linux 命令为（　　　）。

（16）建立 test 目录的 Linux 命令为（　　　）。

（17）返回上一级目录的 Linux 命令为（　　　）。

（18）返回根目录的 Linux 命令为（　　　）。

（19）如果 group 的权限编码为 r-x，则对应权限分数为（　　　）。

（20）超级用户主目录是（　　　）。

（21）添加新的用户账号使用（　　　）命令。

（22）修改完/etc/profile 中的环境变量后，使用命令（　　　）/etc/profile 可以使环境变量生效。

3）判断题

（1）设置用户口令的命令是 password。　　　　　　　　　　　　　　　　　　　　（　　　）

（2）虚拟机在使用层面和真实的计算机并没有什么区别。　　　　　　　　　　　　（　　　）

（3）Linux 系统是一个多用户多任务的分时操作系统。　　　　　　　　　　　　　（　　　）

（4）用户账号主要目的是为用户提供安全性保护。　　　　　　　　　　　　　　　（　　　）

提示：用户的账号一方面可以帮助系统管理员对使用系统的用户进行跟踪，并控制他们对系统资源的访问；另一方面也可以帮助用户组织文件，并为用户提供安全性保护。

（5）每个用户都有一个用户组。　　　　　　　　　　　　　　　　　　　　　　　（　　　）

4）多选题

（1）实现用户账号的管理，要完成的工作主要有（　　　）。

　　　A．useradd　　　　B．userdel　　　　C．usermod　　　　D．passwd

（2）常见的虚拟机软件包括（　　　）。

　　　A．VMware Workstation　　　　　　B．VirtualBox

　　　　C．Microsoft Virtual PC　　　　　　D．Linux

（3）（　　　）是 Linux。

　　　　A．CentOS　　　　B．Red Hat　　　　C．Ubuntu　　　　D．红旗

（4）下面选项中，（　　　）是 Linux 命令中 cat 命令的主要功能。

　　　　A．删除文件　　　　　　　　　　　B．将几个文件合并为一个文件

　　　　C．从键盘创建一个文件　　　　　　D．一次显示整个文件

提示：

查看文件内容的主要用法如下。

① cat f1.txt，查看 f1.txt 文件的内容。

② cat -n f1.txt，查看 f1.txt 文件的内容，并且由 1 开始对所有输出行进行编号。

③ cat -b f1.txt，查看 f1.txt 文件的内容，用法与-n 相似，只不过对于空白行不编号。

④ cat -s f1.txt，当遇到有连续两行或两行以上的空白行时，将其替换为一行空白行。

⑤ cat -e f1.txt，在输出内容的每一行后面加一个$符号。

⑥ cat f1.txt f2.txt，同时显示 f1.txt 和 f2.txt 文件内容，注意文件名之间以空格分隔，而不是逗号。

⑦ cat -n f1.txt>f2.txt，为 f1.txt 文件的每一行加上行号，然后写入 f2.txt 文件中，会覆盖原来的内容，若文件不存在则创建该文件。

⑧ cat -n f1.txt>>f2.txt，为 f1.txt 文件的每一行加上行号，然后追加到 f2.txt 文件中，不会覆盖原来的内容，若文件不存在则创建该文件。

（5）下列关于 Linux 命令的描述，正确的是（　　　）。

　　　　A．ls -t，以文件修改时间排序

　　　　B．ls -a，列出目录所有文件，包含开始的隐藏文件

　　　　C．ls -S，以文件大小排序

　　　　D．ls -r，正序排列

5）简答题

（1）解读文件权限属性。

（2）解释图 2.7。

（3）使用命令在 Linux 系统中创建用户 test，用户组为 test1，用户目录为/test，并赋予 sudo 权限。

2.3　网络配置与时钟同步

1．基础知识

1）检查上网状态

如果"ping IP 地址"成功，结束网络配置；否则通过 ip addr 获取动态 IP，如图 2.8 所示。

2）上网模式

（1）桥接模式：虚拟机和真实物理机在同一网段，如图 2.9 所示。

（2）NTA 模式：虚拟机和真实物理机不在同一网段，上网需要地址转换器 NAT，如

图 2.10 所示。

```
[root@zhangjin ~]# dhclient
[root@zhangjin ~]# ip addr
1: lo: <LOOPBACK,UP,LOWER_UP> mtu 65536 qdisc noqueue state UNKNOWN group defaul
    link/loopback 00:00:00:00:00:00 brd 00:00:00:00:00:00
    inet 127.0.0.1/8 scope host lo
       valid_lft forever preferred_lft forever
    inet6 ::1/128 scope host
       valid_lft forever preferred_lft forever
2: ens33: <BROADCAST,MULTICAST,UP,LOWER_UP> mtu 1500 qdisc pfifo_fast state UP g
00
    link/ether 00:0c:29:65:62:42 brd ff:ff:ff:ff:ff:ff
    inet 192.168.127.129/24 brd 192.168.127.255 scope global dynamic ens33
       valid_lft 1779sec preferred_lft 1779sec
[root@zhangjin ~]#
```

图 2.8 获取动态 IP

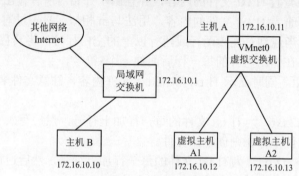

图 2.9 桥接模式

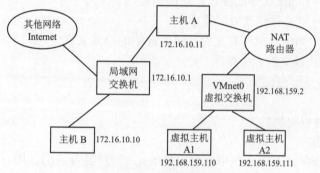

图 2.10 NTA 模式

（3）仅主机模式：生产环境使用，如图 2.11 所示。

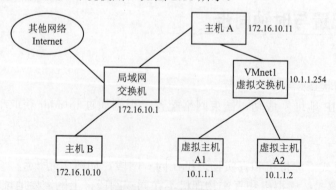

图 2.11 仅主机模式

3）通过虚拟机设置静态 IP

（1）启动虚拟网络编辑器，如图 2.12 所示。

（2）选择 NAT 选项显示如图 2.13 所示，将图 2.8 得到的 IP 录入图 2.13 中。

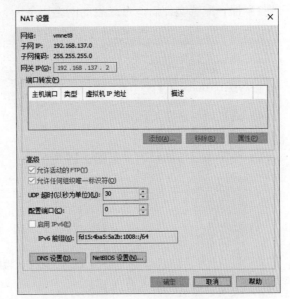

图 2.12　启动虚拟网络编辑器　　　　　　图 2.13　静态 IP 设置

（3）在 Windows 下查看上网状态，如图 2.14 所示。

图 2.14　在 Windows 下查看上网状态

4）使用文件配置网络

（1）更改配置文件：

```
vi /etc/sysconfig/network-scripts/ifcfg-eth0
```

① 将 ONBOOT=no 改为 yes。

② 将 BOOTPROTO=dhcp 改为 BOOTPROTO=static。

③ 并在后面增加几行内容。

```
IPADDR=192.168.2.128
```

```
NETMASK=255.255.255.0
GATEWAY=192.168.2.2
DNS1=119.29.29.29
```

（2）保存配置文件后，重新启动网络服务。

```
systemctl restart network.service
```

（3）测试是否配置成功。

```
ping www.baidu.com
```

（4）通过机器名字访问网络。

5）关闭防火墙

（1）关闭防火墙的原因，如图 2.15 所示。

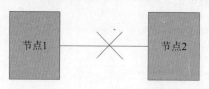

图 2.15　关闭防火墙的原因

（2）关闭、查看、开启防火墙的方法。

① 关闭 CentOS 防火墙：systemctl stop firewalld.service 或 sudo ufw disable。

② 查看防火墙状态：systemctl status firewalld.service 或 sudo ufw status。

③ 开启防火墙：systemctl start firewalld.service 或 sudo ufw enable。

6）时钟同步

（1）作用。

在 Hadoop 环境的搭建过程中，需要对几台机器配置 NTP 服务，目的是让集群中的所有机器保持时间一致。

如果时间相差较大，在后续过程中会出现很多问题，因此，需要配置 NTP 服务，它可以提供高精度时间校准，同时通过使用加密的方式防护病毒的协议攻击。

（2）相关操作。

① rpm -qa | grep ntp：查看是否安装 NTP。

② yum install ntp ntpdate -y：安装 NTP，已安装则跳过此步骤。

③ systemctl status ntpd：查看 NTP 服务器状态。

④ vi /etc/ntp.conf：配置同步 ntp-server 时间，文件内容如下。

systemctl start ntpd：启动 NTP 服务。

systemctl enable ntpd：设置开机启动。

ntpdate -u 10.82.71.73：手动同步一次时间。

7）HTTP 和 HTTPS 请求的区别

（1）HTTPS 需要到 CA（电子认证服务）申请证书，一般免费证书很少，需要交费。

（2）HTTP 是超文本传输协议，信息是明文传输，HTTPS 则是具有安全性的 SSL 加密传输协议。

（3）HTTP 和 HTTPS 使用的是完全不同的连接方式，用的端口也不一样，前者是 80，后者是 443。

（4）HTTP 的连接很简单，是无状态的；HTTPS 是由 SSL+HTTP 构建的可进行加密传输、身份认证的网络协议，比 HTTP 安全。

8）常用状态码

301：永久重定向。

403：服务器已经理解请求，但是拒绝执行。

404：页面丢失。

500：服务器错误。

2．练习

1）单选题

（1）（　　）不是 VMware 的网络连接模式。

    A．桥接模式　　　　　　　　　B．NAT 模式

    C．仅主机模式　　　　　　　　D．本机模式

（2）虚拟机和真实物理机在同一网段，属于（　　）模式。

    A．桥接模式　　　　　　　　　B．NAT 模式

    C．仅主机模式　　　　　　　　D．对等模式

（3）（　　）不是网络连接模式。

    A．桥接模式　　　　　　　　　B．NAT 模式

    C．仅主机模式　　　　　　　　D．对等模式

（4）使用虚拟交换机的属于（　　）网络连接模式。

    A．桥接模式　　　　　　　　　B．NAT 模式

    C．仅主机模式　　　　　　　　D．对等模式

（5）桥接模式的网络配置在（　　）位置。

    A．VMNet1　　B．VMNet2　　C．VMNet4　　D．VMNet8

（6）命令 systemctl disable chronyd 的作用是禁止启用（　　）。

    A．同步时钟　　B．防火墙　　C．网络　　D．路由

（7）命令 chkconfig ntpd on 的作用是启用（　　）。

    A．同步时钟　　B．防火墙　　C．网络　　D．路由

（8）命令 service network restart 的作用是启用（　　）。

    A．同步时钟　　B．防火墙　　C．网络　　D．路由

（9）NTP 服务是（　　）。

    A．上网模式　　B．防火墙　　C．时钟同步　　D．免密

（10）页面丢失状态码是（　　）。

    A．301　　B．403　　C．404　　D．500

（11）服务器错误状态码是（　　）。

    A．301　　B．403　　C．404　　D．500

（12）配置同步 ntp-server 时间的文件是（　　）。

　　　　A．ntp　　　　B．ifcfg-eth0　　　C．ntp-server　　　D．ntp.conf

（13）配置网络的文件是（　　　）。

　　　　A．network　　　B．ifcfg-eth0　　　C．hosts　　　　D．ntp.conf

2）填空题

（1）CentOS 7 中，在 root 用户下查看 firewalld 防火墙状态，使用的命令是 systemctl
（　　）。

（2）时钟同步组件相关组件（　　　）。

（3）网络配置文件所在的目录是/etc/sysconfig/（　　　）。

（4）在 CentOS 7 中，root 用户下查看 firewalld 防火墙状态，使用的命令是 systemctl
（　　）firewalld。

（5）HTTPS 是由 SSL+（　　　）构建的可进行加密传输、身份认证的网络协议，比
HTTP 安全。

3）判断题

（1）桥接模式上网需要地址转换器 NAT。　　　　　　　　　　　　　　（　　　）

提示：参考图 2.13。

（2）生产环境上网使用 NAT 模式。　　　　　　　　　　　　　　　　（　　　）

提示：参考图 2.15。

（3）HTTPS 需要到 CA 申请证书，一般免费证书很少，需要交费。　　　（　　　）

4）多选题

（1）查看网络状态，使用（　　）命令。

　　　　A．systemctl status ntpd

　　　　B．systemctl status firewalld.service

　　　　C．sudo ufw status

　　　　D．ystemctl status firewalld

（2）上网模式包括（　　）模式。

　　　　A．桥接　　　　B．虚拟　　　　C．NTA　　　　D．仅主机

5）简答题

（1）上网模式有哪些？

（2）为什么要关闭防火墙？

（3）简述时钟同步的作用。

▲ 2.4　免密

1．基础知识

1）SSH 协议

SSH 是一种加密的网络传输协议，可在不安全的网络中为网络服务提供安全的传输环境。
SSH 通过在网络中创建安全隧道来实现 SSH 客户端与服务器之间的连接，如图 2.16 所示。

2）免密过程（见图 2.17）

（1）生成密钥：

```
ssh-keygen -t rsa -C "xxxxx@xxxxx.com"
```

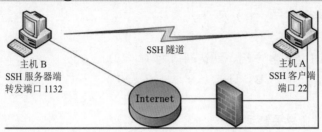

图 2.16　SSH 协议①

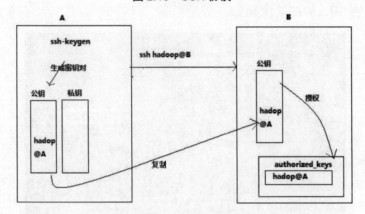

图 2.17　免密过程

（2）密钥存放位置：

```
/root/.ssh
```

（3）私钥（id_tsa）、公钥（id_tsa.pub）。

（4）发送私钥给自己：

```
ssh-copy-id id_tsa localhost
```

（5）发送公钥给他人：

```
ssh-copy-id id_tsa.pub hadoop2
```

（6）授权：

```
cat ~/.ssh/id_rsa.pub > ~/.ssh/authorized_keys
```

（7）免密测试：

```
ssh hadoop2
```

2．练习

1）单选题

（1）密钥存放位置（　　）。

---

① 图片来源：http://www.tjsmart.net/show/384/577.shtml

  A．/usr   B．/root/.ss   C．/root   D．/etc

（2）生成的密钥有（ ）种。

  A．1   B．2   C．3   D．4

（3）通过 SSH 访问客户端，默认端口为（ ）。

  A．10   B．11   C．20   D．22

2）填空题

（1）免密测试命令关键词（ ）。

（2）在配置 SSH 密钥时，在.ssh 目录下（ ）文件为公钥，id_dsa 文件为私钥。

提示：生成密钥，如图 2.18 所示。

图 2.18 生成密钥

（3）SSH 通过在网络中创建（ ）来实现 SSH 客户端与服务器之间的连接。

（4）发送给自己的密钥称为（ ）。

3）判断题

（1）生成私钥需要发给自己。   （ ）

（2）生成公钥需要发给其他节点。   （ ）

（3）SSH 可在不安全的网络中为网络服务提供安全的传输环境。 （ ）

4）简答题

（1）什么是 SSH？

（2）简述免密过程。

2.5 JDK 和 MySQL 部署

1．基础知识

1）JDK 部署

（1）查看 Linux 系统是否显示 Java 版本正常。输入 java -version，如果显示 Java 版本正常，结束 JDK 部署。

（2）新建文件夹 java，如图 2.19 所示。

```
root@debian:/# cd /usr/local/
root@debian:/usr/local# mkdir java
root@debian:/usr/local# ls
bin etc games httpd include java lib man sbin share src tomcat
root@debian:/usr/local#
```

图 2.19　新建文件夹

（3）修改文件夹的权限，输入 chmod 777 java，如图 2.20 所示。

```
root@debian:/usr/local# chmod 777 java
root@debian:/usr/local# ls -l
总用量 44
drwxrwsr-x 2 root staff 4096 9月   17  2016 bin
drwxrwsr-x 2 root staff 4096 9月   17  2016 etc
drwxrwsr-x 2 root staff 4096 9月   17  2016 games
drwxrwsrwx 3 root staff 4096 3月   13 20:57 httpd
drwxrwsr-x 2 root staff 4096 9月   17  2016 include
drwxrwsrwx 2 root staff 4096 3月   20 08:24 java
drwxrwsr-x 4 root staff 4096 3月   13 09:14 lib
lrwxrwxrwx 1 root staff    9 3月   13 09:14 man -> share/man
drwxrwsr-x 2 root staff 4096 9月   17  2016 sbin
drwxrwsr-x 8 root staff 4096 3月   13 09:14 share
drwxrwsr-x 2 root staff 4096 9月   17  2016 src
drwxrwsrwx 3 root staff 4096 3月   13 10:06 tomcat
root@debian:/usr/local#
```

图 2.20　修改文件夹的权限

（4）官网下载对应版本的安装包。

https://www.oracle.com/technetwork/java/javase/downloads/jdk8-downloads-2133151.html。

（5）解压，输入 tar -zxvf +需要解压的包名。

（6）用 vi /etc/profile 进入编辑状态，设置 Java 环境变量，如图 2.21 所示。

```
export JAVA_HOME=/usr/local/java/jdk1.7.0_80
export PATH=$JAVA_HOME/bin:$PATH
export CLASSPATH=.:$JAVA_HOME/lib/dt.jar:$JAVA_HOME/lib/tools.jar
```

图 2.21　设置 Java 环境变量

（7）查看安装情况。

① 输入 java -version，查看 Java 版本，如图 2.22 所示。

```
root@debian:/usr/local/java# java -version
java version "1.7.0_80"
Java(TM) SE Runtime Environment (build 1.7.0_80-b15)
Java HotSpot(TM) 64-Bit Server VM (build 24.80-b11, mixed mode)
```

图 2.22　查看 Java 版本

② 输入 java，查看 Java 信息，如图 2.23 所示。

到此，JDK 安装完成。

2）MySQL 部署

（1）检查 MySQL 是否已安装。

输入 yum list installed | grep mysql，如果验证成功，结束 MySQL 部署。

（2）下载 MySQL 官网的仓库文件。

```
wget http://repo.mysql.com/mysql80-community-release-el7-1.noarch.rpm
yum localinstall mysql80-community-release-el7-1.noarch.rpm
```

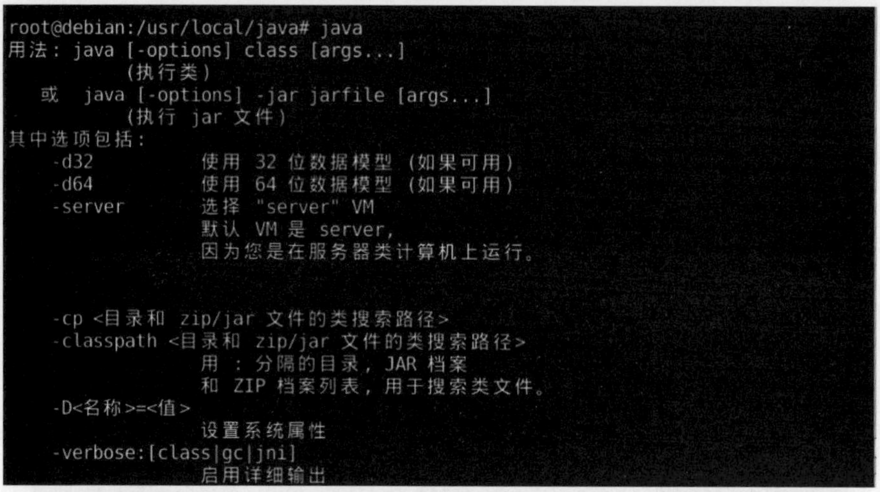

```
root@debian:/usr/local/java# java
用法: java [-options] class [args...]
          (执行类)
   或  java [-options] -jar jarfile [args...]
          (执行 jar 文件)
其中选项包括:
    -d32          使用 32 位数据模型 (如果可用)
    -d64          使用 64 位数据模型 (如果可用)
    -server       选择 "server" VM
                  默认 VM 是 server,
                  因为您是在服务器类计算机上运行。


    -cp <目录和 zip/jar 文件的类搜索路径>
    -classpath <目录和 zip/jar 文件的类搜索路径>
                  用 : 分隔的目录, JAR 档案
                  和 ZIP 档案列表, 用于搜索类文件。
    -D<名称>=<值>
                  设置系统属性
    -verbose:[class|gc|jni]
                  启用详细输出
```

图 2.23　查看 Java 信息

（3）安装 MySQL。

```
yum install mysql-community-server –y
```

（4）启动服务。

```
systemctl start mysqld
systemctl enable mysqld
systemctl status mysqld
```

（5）查找初始密码。

```
cat /var/log/mysqld.log | grep password（见图 2.24）
```

```
~]# grep 'temporary password' /var/log/mysqld.log
[Note] A temporary password is generated for root@localhost: 7yJQjg6Ur%hs
~]#
```

图 2.24　查找 MySQL 初始密码

（6）修改系统配置文件。

```
cd /usr/local/mysql/support-files（见图 2.25）
```

```
[root@iZ25ckhx63nZ support-files]# ls
magic  my-default.cnf  mysqld_multi.server  mysql-log-rotate  mysql.server
[root@iZ25ckhx63nZ support-files]#
```

图 2.25　查找 MySQL 配置文件

```
cp my-default.cnf /etc/my.cnf
cp mysql.server /etc/init.d/mysql
vim /etc/init.d/mysql
```

修改内容如图 2.26 所示。

```
basedir=/usr/local/mysql
datadir=/data/mysql
```

图 2.26　修改 MySQL 配置文件

（7）设置环境变量。

vi /etc/profile（见图 2.27）

图 2.27　修改 MySQL 环境变量

（8）启动 MySQL。

mysql -uroot –p

（9）安装成功，修改初始密码。

mysql> ALTER USER 'root'@'localhost' IDENTIFIED BY '你的密码'

（10）退出 MySQL 命令窗口。

#exit

（11）监控系统指标的命令。
查看内存：

#free

查看 CPU：

#more /proc/cpuinfo

查看 I/O：

#iostat -x 10

查看磁盘：

#fdisk –l

2. 练习

1）单选题

（1）当使用 root 用户安装完 MySQL 后，可以用（　　）命令登录 MySQL。

  A．mysql -P –uroot   B．mysql –start

  C．mysql -uroot –p   D．mysql –uroot p

（2）在 MySQL 中，使用 SHOW（　　）FROM[数据表名]语句可以查看表的详细索引信息。

    A．DATABASES   B．TABLES

    C．INDEX   D．STATUS

（3）在 CentOS 7 中，安装完 MySQL 后，可以使用（　　）命令开启 MySQL 的服务。

    A．systemctl start mysqld   B．start mysqld

    C．service start mysql   D．systemctl mysql start

（4）当使用 root 用户安装完 MySQL 后，可以使用（　　）命令登录 MySQL。

    A．mysql -P –uroot   B．mysql –statr

    C．mysql -uroot –p   D．mysql –hroot –p

（5）当修改 MySQL 中某些用户权限时，可以使用（　　）命令刷新权限。

    A．flush all;   B．grant opotion;

    C．grant privileges;   D．fiush privileges;

（6）在 MySQL 中，SQL 语句以（　　）作为结束标识符。

    A．.   B．,   C．;   D．!

（7）Java 具有（　　）特点。

    A．面向对象   B．跨平台   C．安全   D．以上都是

（8）（　　）选项不是在 MySQL 中使用 GROUP BY 语句查询结果集进行分组时可以使用的函数。

    A．COUNT   B．SUM   C．SUB   D．AVG

（9）下列关于继承的叙述，正确的是（　　）。

    A．在 Java 中允许多重继承

    B．在 Java 中一个类只能实现一个接口

    C．在 Java 中一个类不能同时继承一个类和实现一个接口

    D．Java 的单一继承使代码更可靠

（10）在 MySQL 中，使用（　　）关键字可以对 ORDER BY 语句中的查询结果进行降序排列。

    A．ASCEND   B．ASC   C．DESCEND   D．DESC

（11）在 MySQL 中，使用 SHOW COLUMNS FROM [数据表名]语句不能查看数据表的（　　）信息。

    A．属性   B．属性类型   C．主键   D．数据内容

（12）MySQL 能够支持大型数据库，支持 5000 万条记录的数据仓库，64 位系统最大文件为（　　）。

    A．2 GB   B．8 GB   C．32 GB   D．64 GB

（13）MySQL 的默认用户是 root，使用 root 用户登录到本机 MySQL 服务器的命令是（　　）。

    A．mysqladmin-u root-p   B．mysql-u root-p

    C．mysqladmin root   D．mysql root-p

（14）在 MySQL 中使用 ALTER 语句来修改字段时，可以指定是否包含值或者是否设

置默认值。如果不设置默认值，MySQL 会自动设置该字段默认为（　　　）。

  A．0   B．1   C．AUTO   D．NULL

（15）MySQL 提供了三大运算符来处理查询条件字段为 NULL 时查询命令无法正常工作的情况。不属于这三大运算符的选项是（　　　）。

  A．IS NULL   B．IS NOT NULL

  C．=NULL   D．<=>

（16）MySQL 是开源的，可以通过修改源代码来开发自己的 MySQL 系统，因为它采用的是（　　　）开源许可协议。

  A．MIT   B．BSD   C．GPL   D．LGPL

（17）MySQL 数据表中的自增属性一般用于主键，其数值会自动加 1。创建 MySQL 数据表时，使用（　　　）关键字定义一列为自增属性。

  A．AUTO_INCREMENT   B．PRIMARY KEY

  C．ENGINE   D．CHARSET

（18）在 Linux 系统中查看 MySQL 版本的命令是（　　　）。

  A．mysql—v   B．mysal-version

  C．mysqladmin—V   D．mysqladmin--version

（19）MySQL 数据库中的值（value）是指每一行的具体信息，每个值必须与该列的（　　　）相同。

  A．数量   B．数值   C．数据结构   D．数据类型

（20）MySQL 数据库中键（key）的值在当前列中具有（　　　）。

  A．普遍性   B．唯一性   C．永久性   D．重复性

（21）MySQL 数据库的主键可以用来查询数据，一个数据表包含（　　　）个主键。

  A．1   B．2   C．3   D．4

（22）以下数据类型不是 MySQL 中的字符类型的是（　　　）。

  A．char   B．varchar   C．text   D．string

（23）下列说法不正确的是（　　　）。

  A．super()表示调用父类的构造方法

  B．super()和 this 一样，必须放在第一行

  C．this()用于调用本类的构造方法

  D．如果没有定义构造方法，那么就不会调用父类的无参构造方法，即 super()

（24）操作 MySQL 数据表时，当删除表中所有记录但需要保留数据表时，使用的关键字是 truncate；当要删除该表时，使用（　　　）关键字。

  A．REMOVE B．DROP   C．DELETE   D．CUT

（25）以下（　　　）RPM 包是用来连接并操作 MySQL 服务器的。

  A．MYSQ-client   B．MySQL-devel

  C．MySQL-shared   D．My-SQL-bench

提示：

MySQL-MySQL：服务器，需要该选项，除非只想连接运行在另一台机器上的 MySQL

服务器。

MySQL-client - MySQL：客户端程序，用于连接并操作 MySQL 服务器。

MySQL-devel -：库和包文件，如果想编译其他 MySQL 客户端，如 Perl 模块，则需要安装该 RPM 包。

MySQL-shared -：该软件包包含某些语言和应用程序需要动态装载的共享库 (libmysqlclient.so*)，使用 MySQL。

MySQL-bench - MySQL：数据库服务器的基准和性能测试工具。

（26）Java 语言类间的继承关系是（　　　）。

　　　A．单继承　　　B．多重继承　　　C．不能继承　　　D．不一定

2）填空题

（1）在 CentOS 7 中，若要启动 MySQL 服务，可以使用命令 systemctl（　　　）mysqld。

提示：

① 启动 MySQL 服务：service mysqld start | systemctl start mysqld.service。

② 关闭服务：service mysql stop | systemctl stop mysqld.service。

③ 重启服务：service restart stop | systemctl restart mysqld.service。

④ 查看服务状态：service mysqld status | systemctl status mysqld.service。

⑤ 登录 MySQL：mysql -u root -p。

（2）成功安装 MySQL 后，会在/var/log/（　　　）文件中自动生成一个随机密码。

（3）使用 MySQL 时，在修改了用户的权限后，可以使用命令 flush（　　　）;进行刷新权限。

3）判断题

（1）查看内存的命令是 fdisk -l。　　　　　　　　　　　　　　　　　　　（　　）

（2）查看磁盘的命令是 free。　　　　　　　　　　　　　　　　　　　　　（　　）

4）多选题

可以使用（　　　）命令退出 MySQL。

A．exit　　　　　　　　　B．quit　　　　　　C．\q　　　　　　　D．stop

5）简答题

简述集群基础配置的主要内容。

第 3 章

分布式集群 Hadoop 运维

3.1 Hadoop 平台安装与部署

3.1.1 Hadoop 安装准备

1. 基础知识

1）3 种安装模式

（1）独立模式（本地模式，standalone）。

默认的安装模式，无须运行任何守护进程，所有程序都在单个 JVM 上执行。由于在本机模式下测试和调试 MapReduce 程序较为方便；因此，这种模式适用于开发阶段，使用本地文件系统，而不是分布式文件系统。

（2）伪分布模式。

在一台主机上模拟多台主机。即 Hadoop 的守护程序在本地计算机上运行，模拟集群环境，并且是相互独立的 Java 进程。

在单机模式上增加了代码调试功能，允许检查内存使用情况、HDFS 输入输出，以及其他的守护进程交互。类似于完全分布式模式；因此，这种模式常用来开发测试 Hadoop 程序的执行是否正确。

（3）完全分布模式。

完全分布模式的守护进程运行在由多台主机搭建的集群上，是真正的生产环境。

2）配置文件

（1）本地模式配置，如表 3.1 所示。

表 3.1　本地模式配置

参 数 文 件	配 置 参 数	参 考 值
hadoop-env.sh	JAVA_HOME	/root/training/jdk1.7.0_75

（2）伪分布式模式配置，如表 3.2 所示。

表 3.2　伪分布式模式配置

参 数 文 件	配 置 参 数	参 考 值
hadoop-env.sh	JAVA_HOME	/root/training/jdk1.7.0_75
hdfs-site.sh	dfs.replication	2
	dfs.permissions	false
core-site.xml	fs.defaltFS	hdfs://<hostname>:9000
	hadoop.tmp.dir	/root/training/hadoop-2.4.1/tmp
mapred-site.xml	mapreduce.framework.name	YARN
yarn-site.xml	yarn.resourcemanager.hostname	<hostname>
	yarn.nodemanager.aux-services	mapreduce_shuffle
slaves	DataNode 的地址	192.168.137.113 192.168.137.114

（3）完全分布式配置。

由于完全分布模式是真正的生产环境，配置比较复杂，因此不在本书讨论，感兴趣的读者可参考 https://blog.csdn.net/qq_34319644/article/details/ 92754635。

2. 练习

1）单选题

（1）（　　　）不属于 Hadoop 可以运行的模式。

　　A．单机（本地）模式　　　　　　B．伪分布式模式

　　C．C/S 模式　　　　　　　　　　D．完全分布式模式

（2）下列关于 Hadoop 单机模式和伪分布式模式的说法，正确的是（　　　）。

　　A．两者都启用守护进程，且守护进程运行在一台机器上

　　B．单机模式不使用 HDFS，但加载守护进程

　　C．两者都不与守护进程交互，避免复杂性

　　D．后者比前者增加了 HDFS 输入输出并可检查内存使用情况

2）多选题

（1）Hadoop 的 3 种安装模式包括（　　　）。

　　A．单机模式　　　　　　　　　　B．伪分布模式

　　C．远程模式　　　　　　　　　　D．完全分布式模式

（2）hdfs-site.sh 文件可以配置（　　　）参数。

　　A．dfs.replication　　　　　　　B．dfs.permissions

　　C．fs.defaultFS　　　　　　　　D．hadoop.tmp.dir

提示：见表 3.2。

（3）core-site.xml 文件可以配置（　　　）参数。

    A．dfs.replication   B．dfs.permissions

    C．fs.defaultFS   D．hadoop.tmp.dir

提示：见表 3.2。

3.1.2　Hadoop 安装与部署

1．基础知识

1）解压

```
tar -zxvf ./soft-install/hadoop-2.7.2.tar.gz -C /opt/soft/
```

2）修改环境变量

```
#修改配置文件
vi /etc/profile#在 profile 文件最后添加
export HADOOP_HOME=/opt/soft/hadoop-2.7.2export PATH=$PATH:$HADOOP_ HOME/bin
#配置文件生效 source /etc/profile
```

3）修改配置文件

这些配置文件全部位于/opt/soft/Hadoop-2.7.2/etc/hadoop 文件夹下。

（1）在 hadoop-env.sh 文件中添加 JAVA_HOME，如图 3.1 所示。

```
# The java implementation to use.
export JAVA_HOME=/opt/soft/jdk1.8.0_91
```

图 3.1　配置 hadoop-env.sh

（2）配置 core-site.xml 文件。

```
<configuration>
    <!--指定 HDFS（namenode）的通信地址-->
    <property>
        <name>fs.defaultFS</name>
        <value>hdfs://hadoop1:9000</value>
    </property>
    <!--指定 Hadoop 运行时产生文件的存储路径-->
    <property>
        <name>hadoop.tmp.dir</name>
        <value>/opt/soft/hadoop-2.7.2/tmp</value>
    </property></configuration>
```

（3）配置 hdfs-site.xml 文件。

```
<configuration>
    <!--设置 namenode 的 HTTP 通信地址-->
    <property>
        <name>dfs.namenode.http-address</name>
        <value>hadoop1:50070</value>
```

```
        </property>

        <!--设置 secondarynamenode 的 HTTP 通信地址-->
        <property>
            <name>dfs.namenode.secondary.http-address</name>
            <value>hadoop2:50090</value>
        </property>

        <!--设置 namenode 存放的路径-->
        <property>
            <name>dfs.namenode.name.dir</name>
            <value>/opt/soft/hadoop-2.7.2/name</value>
        </property>

        <!--设置 hdfs 副本数量-->
        <property>
            <name>dfs.replication</name>
            <value>2</value>
        </property>
        <!--设置 datanode 存放的路径-->
        <property>
            <name>dfs.datanode.data.dir</name>
            <value>/opt/soft/hadoop-2.7.2/data</value>
        </property>
</configuration>
```

（4）配置 mapred-site.xml 文件。

必须先修改文件名：mv mapred-site.xml.template mapred-site.xml

```
<configuration>
        <!--通知框架 MR 使用 YARN-->
        <property>
            <name>mapreduce.framework.name</name>
            <value>yarn</value>
        </property>
</configuration>
```

（5）配置 yarn-site.xml 文件。

```
<configuration>
        <!--设置 resourcemanager 在哪个节点-->
        <property>
            <name>yarn.resourcemanager.hostname</name>
            <value>hadoop1</value>
        </property>
        <!--reducer 取数据的方式是 mapreduce_shuffle-->
        <property>
            <name>yarn.nodemanager.aux-services</name>
```

```
            <value>mapreduce_shuffle</value>
        </property>
        <property>
            <name>yarn.nodemanager.aux-services.mapreduce.
                shuffle.class</name>
            <value>org.apache.hadoop.mapred.ShuffleHandler</value>
        </property>
</configuration>
```

（6）配置 masters 文件。

新建一个 masters 的文件，这里指定的是 secondary namenode 的主机 hadoop2。

4）创建文件夹

```
mkdir tmp name data
```

5）同步其他主机

（1）复制/etc/hosts。

```
scp /etc/hosts hadoop1:/etc/
scp /etc/hosts hadoop2:/etc/
```

（2）复制/etc/profile（注意：要环境变量生效）。

```
scp /etc/profile hadoop1:/etc/
scp /etc/profile hadoop2:/etc/
```

（3）复制/opt/soft（注意：要在 hadoop1 和 hadoop2 上环境变量生效）。

```
scp -r /etc/soft hadoop1:/opt/
scp -r /etc/soft hadoop2:/opt/
```

（4）查看 Hadoop 版本。

```
hadoop -version
```

6）启动

（1）第一次启动需要格式化。

```
./bin/hdfs namenode -format
```

（2）启动 dfs。

```
./sbin/start-dfs.sh
```

（3）启动 YARN。

```
./sbin/start-yarn.sh
```

7）查看 Hadoop

（1）查看 hadoop1，如图 3.2 所示。

（2）查看 hadoop2，如图 3.3 所示。

```
[root@hadoop1]#jsp
32967 ResourceManager
33225 Jps
32687 NameNode
```

图 3.2　查看 hadoop1

```
[root@hadoop2]#jsp
28496 Jps
28179 DataNode
21770 SecondaryNameNode
27784 NodeManager
```

图 3.3　查看 hadoop2

（3）查看 hadoop3，如图 3.4 所示。

```
[root@hadoop3]#jsp
27680 NameNode
27904 Jps
27784 NodeManager
```

图 3.4　查看 hadoop3

至此，Hadoop 安装成功。

2．练习

1）单选题

（1）HDFS 默认的当前工作目录需要在（　　　）配置文件内说明。

　　A．mapred-site.xml　　　　　　　　B．core-site.xml

　　C．hdfs-site.xml　　　　　　　　　D．hadoop-site.xml

（2）（　　　）属性是在 hdfs-site.xml 中配置的。

　　A．dfs.replication　　　　　　　　B．fs.defaultFS

　　C．mapreduce.framework.name　　　D．yarn.resourcemanager.address

提示：dfs.replication 是 HDFS 集群的副本个数，一般放置在 hdfs- site.xml 中。

（3）（　　　）命令组成是错误的。

　　A．sbin/stop-dfs.sh　　　　　　　B．sbin/hdfs dfs admin -report

　　C．bin/hadoop namenode –format　　D．bin/hadoop fs -cat /hadoopdata/my.txt

提示：此题考查的是命令的目录结构。Hadoop 安装包提供了两个可执行脚本文件目录，一个是 bin，一个是 sbin。sbin 目录中放置了很多与整个集群操作相关的命令，如启动或者关闭集群的命令；bin 目录中，主要放置客户端使用 Hadoop 集群的相关命令。所以，hadoop、hdfs、mapred、YARN 这些集群使用的操作命令都在 bin 目录中。

（4）配置 Hadoop 时，JAVA_HOME 包含在（　　　）配置文件中。

　　A．mapred-site.xml　　　　　　　　B．hadoop-env.sh

　　C．core-site.xml　　　　　　　　　D．hdfs-site.xml

（5）当安装完 Hadoop 后，需要修改配置文件，需要把 JDK 的环境变量加载到（　　　）

配置文件中。

        A．core-site.xml   B．hadoop-env.sh

        C．hbase-dir.sh   D．hbase-rootdir.sh

（6）如果要修改集群的备份数量，可以修改（   ）配置文件。

        A．core-site.xml   B．hadoop-env.sh

        C．mapred-site.xml   D．hdfs-site.xml

（7）一般情况下，启动 Hadoop 组件的脚本存放在组件安装路径的（   ）下。

        A．conf   B．bin   C．sbin   D．sys

2）填空题

（1）搭建完 Hadoop 集群后，在（   ）节点上进行格式化集群。

提示：格式化集群：haddop namenode -format（在主节点上进行）。

（2）启动 Hadoop 集群时，在 Hadoop 的安装目录下使用 sbin/（   ）启动所有集群。

（3）启动 Hadoop 集群的命令在 Hadoop 的安装目录下的（   ）目录下。

（4）当开启 Hadoop 集群时，发现处于安全模式，可以使用命令 hadoop（   ）leave; 退出安全模式。

（5）搭建完 Hadoop 集群后，在主节点上使用命令 haddop namenode -（   ）进行格式化集群。

3）判断题

（1）安装完成后，需要在所有结点格式化集群命令 haddop namenode -format。（   ）

（2）Hadoop 集群是基于 master/slave 模式的。   （   ）

4）简答题

（1）简述 Hadoop 安装过程。

（2）请列出在正常工作的 Hadoop 集群中，Hadoop 需要启动的进程。它们的作用分别是什么？

3.2 分布式存储组件 HDFS

3.2.1 HDFS 结构

1．基础知识

1）HDFS 概述

HDFS（Hadoop Destribute File Systems）是一个分布式文件系统，具有高容错的特点。它可以部署在廉价的通用硬件上，提供高吞吐率的数据访问，适合需要处理海量数据集的应用程序。

主要特点如下。

（1）支持超大文件：支持 TB 级的数据文件。

（2）检测和快速应对硬件故障：HDFS 的检测和冗余机制很好地克服了大量通用硬件平台上的硬件故障问题。

（3）高吞吐量：批量处理数据。

（4）简化一致性模型：一次写入、多次读取的文件处理模型有利于提高吞吐量。

HDFS 不适合的场景：低延迟数据访问；大量的小文件；多用户写入文件、修改文件。

2）HDFS 1.X 结构

HDFS 1.X 的构成如图 3.5 所示，NameNode 保存元数据；DataNode 将 HDFS 数据以文件的形式存储在本地文件系统中。

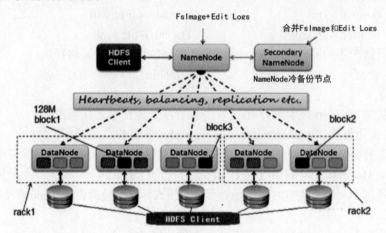

图 3.5　HDFS 1.X 结构[①]

（1）NameNode 职责。

① 维护 HDFS 集群的目录树结构。

② 维护 HDFS 集群的所有数据块的分布、副本数和负载均衡。

③ 响应客户端的所有读写数据请求。

（2）DataNode 的主要职责：负责保存客户端上传的数据。

（3）Secondary NameNode 职责：它的目的是帮助 NameNode 合并编辑日志，减少 NameNode 的负担和冷启动时的加载时间。

（4）数据块：数据块是 HDFS 的文件存储处理单元，在 Hadoop 2.0 中默认大小为 128 MB，可根据业务情况进行配置。数据块的存在，使得 HDFS 可以保存比存储节点单一磁盘大的文件，而且简化了存储管理，方便容错，有利于数据复制。

3）HDFS 2.X

HDFS 2.X 结构如图 3.6 所示。

在图 3.6 中，ZKFC（ZooKeeper Failover Controller）是 Hadoop 中通过 ZK（ZooKeeper）实现 FC（FCFailover Controller）功能的一个实用工具。FC 是要和 NN（NameNode）一一对应的，两个 NN 就要部署两个 FC。它负责监控 NN 的状态，并及时把状态信息写入 ZK。它通过一个独立线程周期性地调用 NN 上的一个特定接口来获取 NN 的健康状态。FC 也有选择谁作为 Active NN 的权利。

（1）HDFS 2.X 实现了 NameNode 的 HA 方案，即同时有两个 NameNode（一个 Active，另一个 Standby），如果 ActiveNameNode 宕机，另一个 NameNode 会转入 Active 状态提供服务，保证了整个集群的高可用性。

（2）实现了 HDFS federation 机制，如图 3.7 所示。由于元数据放在 NameNode 的内

---

① 图片来源：https://www.bubuko.com/infodetail_3478027.html

存中，内存限制了整个集群的规模，通过 HDFS federation 使多个 NameNode 组成一个联邦
共同管理 DataNode，这样就可以扩大集群的规模。

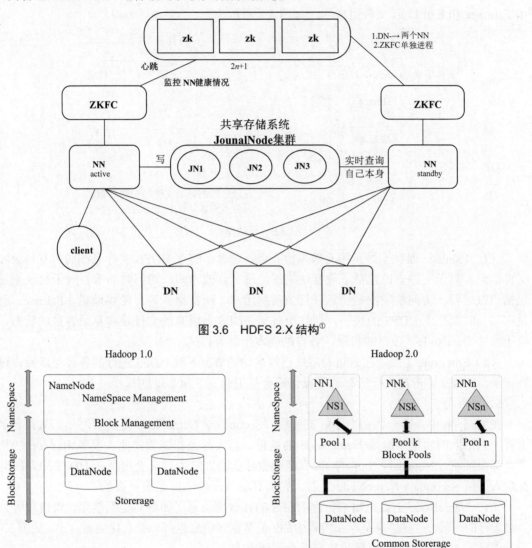

图 3.6 HDFS 2.X 结构[①]

图 3.7 HDFS 2.X Federation 机制

为了能够水平扩展 NameNode，HDFS2.x 引入了联盟的机制，可以定义多个 NameNode，
如 NN1、NNk、NNn。每一个 NameNode 各自管理着自己的命名空间（NS1、NSk、NSn）
和 BlockPool。BlockPool 管理当前命名空间中存储在集群中 DataNode 上所有的数据块信息，
每一个 BlockPool 也是独立的，不同 NameNode 之间不会相互影响。当一个 NameNode 出
现故障，并不会影响集群中其他的 NameNode。HDFS 集群中的 DataNode 负责提供数据块
共享存储的功能，每一个 DataNode 都会向每一个 NameNode 注册，周期性发送心跳报告和
数据块等，然后执行 NameNode 回传的响应指令。

---

① 图片来源：https://www.jianshu.com/p/7c697f146674?utm_campaign=haruki

4）元数据

NameNode 的所有操作及整个集群的状态都存储在元数据中。NameNode 的元数据存储是由 FsImage 和 Edit Logs 文件组成的，如图 3.8 所示。

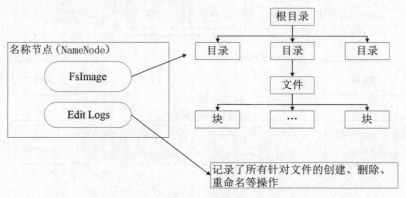

图 3.8　元数据

（1）FsImage 保存了最新的元数据检查点，包含了整个 HDFS 文件系统的所有目录和文件信息。对于文件来说包括了数据块描述信息、修改时间、访问时间等；对于目录来说包括修改时间、访问权限控制信息（目录所属用户、所在组）等。简单地说，FsImage 就是在某一时刻整个 HDFS 的快照，即这个时刻 HDFS 上所有的文件块和目录各自的状态、位于哪些 DataNode、各自的权限、各自的副本个数等。

（2）Edit Logs 主要是在 NameNode 已经启动的情况下对 HDFS 进行的各种更新操作进行记录，HDFS 客户端执行所有的写操作都会被记录到 Edit Logs 中。

5）冷备份

在 Hadoop 中，有一些命名不好的模块，Secondary NameNode 是其中之一。从其名字上看，它给人的感觉就像是 NameNode 的备份，但实际上却并非如此。很多 Hadoop 的初学者都很疑惑：Secondary NameNode 究竟是做什么的？它为什么会出现在 HDFS 中？因此在深入了解 Secondary NameNode 之前，先来看看 NameNode 是做什么的。

（1）NameNode 主要是用来保存 HDFS 的元数据信息（如命名空间信息、块信息等）。当它运行的时候，这些信息是存在内存中的。但是这些信息也可以持久化到磁盘上。如图 3.9 所示展示了 NameNode 如何把元数据保存到磁盘上。

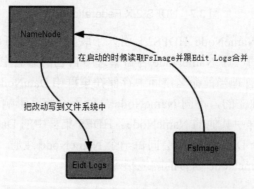

图 3.9　NameNode 把元数据保存到磁盘的原理

只有在 NameNode 重启时，Edit Logs 才会合并到 FsImage 文件中，从而得到一个文件系统的最新快照。但是在产品集群中 NameNode 是很少重启的，这也意味着当 NameNode 运行了很长时间后，edits 文件会变得很大，怎么去管理这个文件是一个挑战。另一个挑战是 NameNodc 的重启会花费很长时间，因为有很多改动要合并到 FsImage 文件上。

如果 NameNode 宕机，那就丢失了很多改动，因为此时的 FsImage 文件非常旧。

为了克服这个问题，需要一种管理机制来帮助减小 Edit Logs 文件的大小和得到一个最新的 FsImage 文件，这样也会减小在 NameNode 上的压力。这跟 Windows 的恢复点非常相似，Windows 的恢复点机制允许对 OS 进行快照，这样当系统发生问题时，能够回滚到最新的一次恢复点上。

（2）Secondary NameNode 可以帮助解决上述问题，它的职责是合并 NameNode 的 Edit Logs 到 FsImage 文件中。如图 3.10 所示，展示了 Secondary NameNode 工作原理（冷备份），图中的 edits 是 Edit Logs 的缩写。

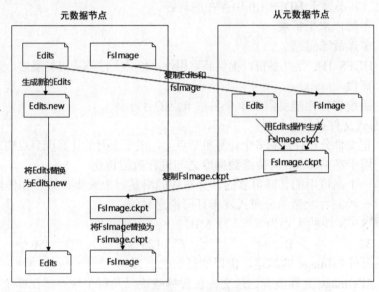

图 3.10　冷备份过程

首先，它定时到 NameNode 去获取 Edit Logs，并更新到 FsImage 上。一旦它有了新的 FsImage 文件，便复制回 NameNode 中。

NameNode 在下次重启时会使用这个新的 FsImage 文件，从而减少重启的时间。

Secondary NameNode 的整个目的是在 HDFS 中提供一个检查点。它只是 NameNode 的一个助手节点。这也是它在社区内被认为是检查点节点的原因。

现在，读者明白了 Secondary NameNode 不是要取代 NameNode，也不是 NameNode 的备份，而是 NameNode 的冷备份。

2．练习

1）单选题

（1）与 HDFS 类似的框架是（　　）。

　　　A．NTFS　　　　B．FAT32　　　　C．GFS　　　　D．EXT3

（2）在 Hadoop 生态系统中，用于分布式计算的数据存储在（　　）中。

        A．HDFS   B．MapReduce   C．YARN   D．Sqoop

（3）Hadoop 生态中的 HDFS 属于（　　）系统。

        A．分布式存储 B．数据仓库   C．内存计算   D．数据采集

（4）HDFS 由 NameNode、DataNode、Secondary NameNode 组成；其中，NameNode 是（　　）。

        A．slave   B．数据节点   C．master   D．从节点

（5）HDFS 采用了（　　）模型。

        A．主从结构模型   B．分层模式

        C．管道-过滤器模式   D．点对点模式

（6）（　　）不属于 HDFS 采用抽象的块概念带来的好处。

        A．强大的跨平台兼容性   B．支持大规模文件存储

        C．简化系统设计   D．适合数据备份

（7）（　　）不属于 HDFS 1.0 中存在的问题。

        A．不可以水平扩展

        B．多点故障问题

        C．HDFS HA 是热备份，提供高可用性，但是无法解决可扩展性、系统性能和隔离性

        D．系统整体性能受限于单个名称节点的吞吐量

（8）分布式文件系统指的是（　　）。

        A．把文件分布存储到多个计算机节点上，成千上万的计算机节点构成计算机集群

        B．用于在 Hadoop 与传统数据库之间进行数据传递

        C．一个高可用的、高可靠的、分布式的海量日志采集、聚合和传输的系统

        D．一种高吞吐量的分布式发布订阅消息系统

（9）HDFS 2.X 块的大小为（　　）MB。

        A．32   B．64   C．128   D．256

（10）下面对 FsImage 的描述，错误的是（　　）。

        A．FsImage 文件没有记录文件包含哪些块以及每个块存储在哪个数据节点

        B．FsImage 文件包含文件系统中所有目录和文件 inode 的序列化形式

        C．FsImage 用于维护文件系统树以及文件树中所有的文件和文件夹的元数据

        D．FsImage 文件记录了所有针对文件的创建、删除、重命名等操作

（11）（　　）程序负责 HDFS 数据存储。

        A．NameNode   B．Jobtracker

        C．DataNode   D．Secondary NameNode

（12）HDFS 集群中 DataNode 的主要职责是（　　）。

        A．维护 HDFS 集群的目录树结构

        B．维护 HDFS 集群的所有数据块的分布、副本数和负载均衡

        C．负责保存客户端上传的数据

        D．响应客户端的所有读写数据请求

（13）以下关于 Secondary NameNode 的叙述，正确的是（　　）。

        A．它是 NameNode 的热备

        B．它对内存没有要求

  C．它的目的是帮助 NameNode 合并编辑日志，减少 NameNode 的负担和冷启动时的加载时间

  D．Secondary NameNode 应与 NameNode 部署到一个节点

（14）关于 HDFS 的文件写入，正确的是（　　）。

  A．支持多用户对同一文件的写操作

  B．用户可以在文件任意位置进行修改

  C．默认将文件块复制成 3 份分别存放

  D．复制的文件块默认都存在同一机架的多个不同节点上

2）填空题

（1）HDFS 由（　　）、DataNode、Secondary NameNode 组成。

（2）HDFS 由 NameNode、DataNode、Secondary NameNode 组成；其中，NameNode 的个数为（　　）。

（3）HDFS 的 NameNode 节点将元数据保存在（　　）。

提示：NameNode 不需要从磁盘读取 metadata，所有数据都在内存中，硬盘上只是序列化的结果，只有每次 NameNode 启动时才会从磁盘中读取。

（4）在 HDFS 中，文件、块与 DataNode 之间的映射称为（　　）。

（5）NameNode 由 FsImage 和（　　）两个文件组成。

（6）在 NameNode 中，（　　）保存文件、块的目录结构。

（7）在 NameNode 中，（　　）保存对文件、块的操作，如创建、删除等。

（8）Secondary NameNode 称为从元数据节点，是名称节点的（　　）。

（9）HDFS 存放数据的基本单位是（　　）。

（10）一个数据块通常要备份（　　）份。

（11）DataNode 定时向（　　）发送状态信息（心跳，Heartbeats）。

3）判断题

（1）HDFS 1.X 和 HDFS 2.X 都具备完善的 HDFS HA 策略。（　　）

提示：参考图 3.4。

（2）所有 metadata 数据都在内存中。（　　）

（3）NameNode 负责管理 metadata，client 端每次读写请求，都会从磁盘中读取或写入 metadata 信息并反馈到 client 端。（　　）

（4）NameNode 本地磁盘保存了 Block 的位置信息。（　　）

提示：DataNode 是文件存储的基本单元，它将 Block 存储在本地文件系统中，保存了 Block 的 metadata，同时周期性地将所有存在的 Block 信息发送给 NameNode。NameNode 返回文件存储的 DataNode 信息。client 读取文件信息。

（5）Block Size 是不可以修改的。（　　）

提示：可以通过 hadoop-site.xml 配置，设置 Block Size。具体配置如下。

```
<property>
  <name>dfs.block.size</name>   //block 的大小，单位为字节（后面会提到用处），必须是 512 的
倍数，因为采用 crc 做文件完整性校验，默认配置 512 是 checksum 的最小单元。
  <value>5120000</value>
  <description>The default block size for new files.</description>
</property>
```

（6）HDFS HA（High Available），高可用是保证业务连续性的有效解决方案。（　　）

（7）每一个 HDFS 1.X 集群只有一个 NN。 （　　）

（8）HDFS 核心就是如何存储、管理、同步 edits 编辑日志文件。 （　　）

（9）集群内每个节点都应该配 RAID，这样可避免单磁盘损坏，影响整个节点运行。

（　　）

提示：

RAID（redundant arrays of independent disks）即磁盘阵列，有"独立磁盘构成的具有冗余能力的阵列"之意。

（10）DataNode 按机架（rack）进行组织。 （　　）

（11）冷备份的任务是完成 edits 和 FsImage 合并。 （　　）

（12）HDFS 块的大小远远大于普通文件系统，所以不适合存储小文件。 （　　）

（13）如果 NameNode 意外终止，Secondary NameNode 会接替它使集群继续工作。

（　　）

（14）因为 HDFS 有多个副本，所以 NameNode 是不存在单点问题的。 （　　）

（15）Slave 节点要存储数据，所以它的磁盘越大越好。 （　　）

（16）Secondary NameNode 就是 NameNode 出现问题时的备用节点。 （　　）

提示：HDFS 2.X 是对的。

4）多选题

（1）NameNode 任务包括（　　）。

    A．监控心跳   B．负载平衡

    C．记录数据块备份的位置信息   D．接收客户端请求

（2）NameNode 称为（　　），也称为（　　）。

    A．名称节点   B．命名空间   C．主节点   D．元数据节点

（3）HDFS 集群中的 NameNode 职责包括（　　）。

    A．维护 HDFS 集群的目录树结构

    B．维护 HDFS 集群的所有数据块的分布、副本数和负载均衡

    C．负责保存客户端上传的数据

    D．响应客户端的所有读写数据请求

（4）下列关于 HDFS 集群中 DataNode 的描述，正确的是（　　）。

    A．DataNode 之间都是独立的，相互之间不会有通信

    B．存储客户端上传的数据的数据块

    C．一个 DataNode 上存储的所有数据块可以有相同的

    D．响应客户端的所有读写数据请求，为客户端的存储和读取数据提供支撑

（5）HDFS 不适合的场景包括（　　）。

    A．低延迟数据访问   B．大量的小文件

    C．多用户写入文件   D．修改文件

5）简答题

（1）叙述 NameNode 冷备份过程。

（2）简述 NFS 与 HDFS 有何不同。

3.2.2　HDFS 读写原理

1．基础知识

1）HDFS 读数据过程

（1）HDFS 读数据原理，如图 3.11 所示。

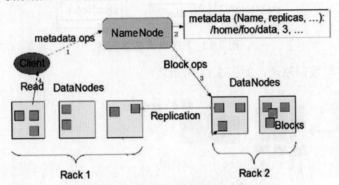

图 3.11　HDFS 读数据原理[1]

第 1 步：访问图书馆网站（NameNode），查阅索引。

第 2 步：返回索引请求结果（metadata）。

第 3 步：去图书馆借书（DataNode）。

第 4 步：拿到想借的书（Read）。

（2）HDFS 读数据操作，如图 3.12 所示。

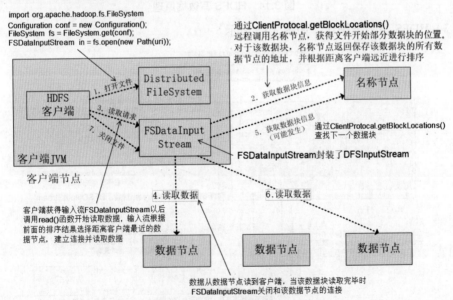

图 3.12　HDFS 读数据操作[2]

---

[1]　图片来源：http://www.imooc.com/article/21578

[2]　图片来源：https://www.cnblogs.com/tsruixi/p/12078848.html

2）HDFS 写数据过程

（1）HDFS 写数据策略，如图 3.13 所示。

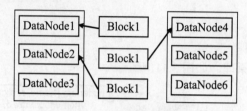

图 3.13   HDFS 写数据策略

（2）HDFS 写数据原理，如图 3.14 所示。

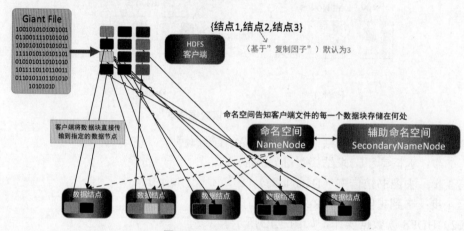

图 3.14   HDFS 写数据原理

（3）HDFS 写数据操作，如图 3.15 所示。

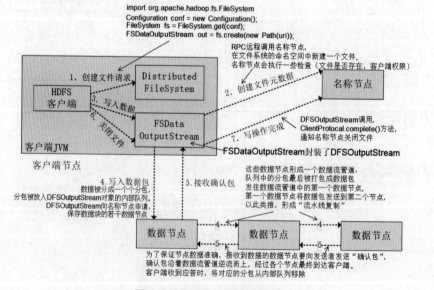

图 3.15   HDFS 写数据操作[1]

---

[1] 图片来源：https://www.shangmayuan.com/a/f6101d28a7ec450cad0294cf.html

2．练习

1）单选题

（1）以下关于 HDFS 存放数据策略的叙述，错误的是（　　）。

  A．第一个副本放置在一台磁盘不太满、CPU 不太忙的节点上

  B．第二个副本放置在与第一个副本不同的机架的节点上

  C．第三个副本与第一个副本放置在相同机架的其他节点上

  D．更多副本随机节点

（2）Client 在 HDFS 上进行文件写入时，NameNode 根据文件大小和配置情况，返回部分 DataNode 信息，（　　）负责将文件划分为多个 Block，根据 DataNode 的地址信息，按顺序写入每一个 DataNode 块。

  A．Client   B．NameNode

  C．DataNode   D．Secondary NameNode

（3）HDFS 无法高效存储大量小文件，想让它处理好小文件，比较可行的改进策略不包括（　　）。

  A．利用 SequenceFile、MapFile、Har 等方式归档小文件

  B．多 Master 设计

  C．Block 适当调小

  D．调大 NameNode 内存或将文件系统元数据存到硬盘里

（4）下列关于配置机架感知的相关描述，不正确的是（　　）。

  A．如果一个机架出问题，不会影响数据读写和正确性

  B．写入数据的时候多个副本会写到不同机架的 DataNode 中

  C．MapReduce 会根据机架的拓扑获取离自己比较近的数据块

  D．数据块的第一个副本会优先考虑存储在客户端所在节点

  提示：HDFS 的副本存放策略中，数据块的第一个副本和第二个副本会存放在不同的机架中，但是第三个副本会优先考虑存放在与第二个副本相同机架的不同节点中，也有可能存放在与第一个副本相同机架的不同节点中。

（5）下列关于 Hadoop 中 Client 端上传文件的叙述，正确的是（　　）。

  A．数据经过 NameNode 传递给 DataNode

  B．Client 端将文件切分为 Block，依次上传

  C．Client 只上传数据到一台 DataNode，然后由 NameNode 负责 Block 复制工作

  D．DataNode 根据文件大小和文件块配置情况，返回给 Client 它所管理的

    DataNode 信息

（6）下列关于 HDFS 的描述，正确的是（　　）。

  A．如果 NameNode 宕机，Secondary NameNode 会接替它使集群继续工作

  B．HDFS 集群支持数据的随机读写

  C．NameNode 磁盘元数据不保存 Block 的位置信息

  D．DataNode 通过长连接与 NameNode 保持通信

（7）HDFS 是基于流数据模式访问和处理超大文件的需求而开发的，具有高容错、高可靠性、高可扩展性、高吞吐率等特点，适合的读写任务是（　　）。

    A．一次写入，少次读写　　　　　　　B．多次写入，少次读写

    C．一次写入，多次读写　　　　　　　D．多次写入，多次读写

2）填空题

（1）写文件时，（　　）将文件划分为多个 Block。

（2）写文件时，Client 需要上传数据到（　　）台 DataNode。

3）判断题

（1）HDFS 支持数据的随机读写。　　　　　　　　　　　　　　　　　　（　　）

提示：lucene 支持随机读写，而 HDFS 只支持随机读。

（2）写文件时，数据经过 NameNode 传递给 DataNode。　　　　　　　　（　　）

（3）Hadoop 支持数据的随机写。　　　　　　　　　　　　　　　　　　（　　）

（4）HDFS 的 NameNode 保存了一个文件包括哪些数据块、分布在哪些数据节点上。这些信息也存储在硬盘上。　　　　　　　　　　　　　　　　　　　　　　　（　　）

4）多选题

HDFS 的 NameNode 负责管理文件系统的命名空间，将所有的文件和文件夹的元数据保存在一个文件系统树中，这些信息也会在硬盘上保存成（　　）文件。

A．日志　　　　　B．命名空间镜像　　　　　C．HDFS　　　　　D．HBase

5）简答题

（1）简述 HDFS 文件写入过程。

（2）叙述块的备份策略。

（3）简述 HDFS 读数据原理。

（4）为什么 HDFS 不适合存储多个小文件？

3.2.3　HDFS 操作与监控

1．基础知识

1）HDFS 操作命令（见表 3.3）

表 3.3　HDFS 操作命令

命　令	含　义
hadoop fs –mkdir –p test	创建目录 test，注意 HDFS 和对应 Linux 命令的异同，hadoop fs 可以用 hdfs dfs 替换，如 hdfs dfs –mkdir –p test
hadoop fs -mv README.txt rm.txt	把 README.txt 改名为 rm.txt
hadoop fs –ls path	显示指定文件夹 path 下的文件，注意 path 不可省略
hadoop fs　–cat　1.txt	显示 1.txt 文件内容
hadoop fs –rm –rf *.txt	删除文件*.txt
hadoop fs –scp *.jpg slave1:/usr	把 HDFS 节点的*.jpg 文件复制到 HDFS 另一个节点的 slave1 目录 /usr 下（两个节点不同）

续表

命　令	含　义
hadoop fs -cp *.jpg /usr	把 HDFS 节点的*.jpg 文件复制到 HDFS 同一个节点的另一个目录下
hadoop fs –get *.jpg /usr 或　copyToLocal 替代 get	从 HDFS 读入数据到本地
hadoop fs –put /usr/*.jpg slave1:/opt 或　copyFromLocal 替代 put	将本地的*.jpg 文件复制到 HDFS 节点 slave1 上
hadoop fs –chmod 777　/input	修改文件夹权限
hadoop fs –mv spark-2.1.0 spark	把 HDFS 节点上 spark-2.1.0 重新命名为 spark

2）HDFS 运维命令（见表 3.4）

表 3.4　HDFS 运维命令

命　令	说　明
dfs	在 Hadoop 支持的文件系统上运行文件系统命令
namenode-format	格式化 DFS 文件系统
secondarynamenode	运行 DFS 辅助名称节点
namenode	运行 DFS 名称节点
journalnode	运行 DFS 日志节点
zkfc	运行 Zookeeper 故障转移控制器守护程序
datanode	运行 DFS 数据节点
dfsadmin	运行 DFS 管理客户端
diskbalancer	在给定节点上的距离之间均匀分布数据
haadmin	运行 DFS HA 管理客户端
fack	运行 DFS 文件系统检查实用程序
balancer	运行群集负载平衡实用程序
jmxget	从 NameNode 或 DataNode 获取 JMX 导出的值
mover	运行实用程序跨存储类型移动块副本
oiv	将脱机 fsimage viewer 应用于 fsimage
oiv_legacy	将脱机 fsimage viewer 应用于旧版 fsimage
oev	将脱机编辑查看器应用于编辑文件
fetchdt	从 NameNode 获取委派令牌
getconf	从配置中获取配置值
groups	获取用户所属的组
snapshotDiff	区分目录的两个快照或使用快照区分当前目录内容
IsSnapshottableDir	列出当前用户拥有的所有 snapshottable 目录
portmap	运行 portmap 服务
nfs3	运行 NES 版本 3 网关
cacheadmin	配置 HDFS 缓存
crypto	配置 HDFS 加密区域
storagepolicies	列出/获取/设置块存储策略
version	打印版本

3）HDFS 状态监控

50070 端口，查看 NameNode 状态，如图 3.16 和图 3.17 所示。

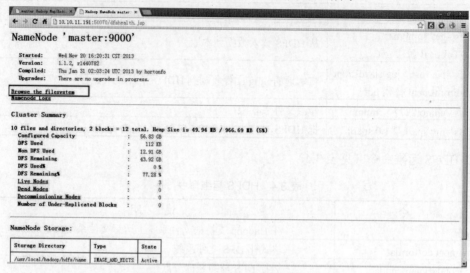

图 3.16 NameNode 状态监控（1）

单击图 3.16 的框选处，进入如图 3.17 所示的界面。

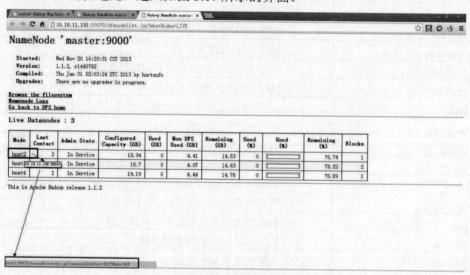

图 3.17 NameNode 状态监控（2）

图 3.17 显示有 3 个活跃的 Datanode，如 host2、host3、host4。将光标停留在 host2 可显示 host2 的 ip。

2．练习

1）单选题

（1）显示 Hadoop 集群根目录的命令是（   ）。

    A．hdfs dfs ls \   B．hdfs dfs -ls \

    C．hdfs dfs -ls   D．ls \

（2）在实验集群的 master 节点使用 jps 命令查看进程时，终端出现（　　）才能说明 Hadoop 主节点启动成功。

  A．NameNode,DataNode   B．Namenode, Secondary NameNode

  C．NameNode   D．Namenode,ResouceManager

（3）（　　）不是 HDFS 的守护进程。

  A．Secondary NameNode   B．DataNode

  C．ResouceManager   D．NameNode

提示：NameNode 是 HDFS 集群的主节点，DataNode 是 HDFS 集群的从节点，Secondary NameNode 是 HDFS 集群启动的用来给 NameNode 节点分担压力的角色。这 3 个服务进程会一直处于启动状态。ResouceManager 只有在 YARN 集群运行了 MapReduce 程序之后才会启动。

（4）master 节点不包括（　　）进程。

  A．NameNode   B．QuorumPeerMain

  C．NodeManager   D．ResourceManager

（5）如果把本地文件放到集群里，可以使用（　　）hadoop shell 命令。

  A．hadoop fs –push /   B．hadoop fs –put /

  C．hadoop –put   D．hadoop fs –push /

（6）一般来说，（　　）是 HDFS 的 Web 访问的端口号。

  A．50070   B．8088   C．9000   D．8090

2）填空题

（1）在集群中使用 HDFS 的 shell 操作把本地文件上传到集群，可以使用 hadoop fs -（　　）命令。

提示：

① 本地上传集群：hdfs dfs –put 本地文件 集群绝对路径。

② 本地下载集群：hdfs dfs –get 集群绝对路径 本地路径。

③ 本地复制：cp 源文件 目标文件。

④ 节点间复制：scp –r 源文件 目标节点 IP:目标文件。

（2）ResourceManager 程序通常与（　　）在一个节点启动。

（3）通过 Zookeeper 管理两个或者多个 NameNode，使一个 NameNode 为（　　）状态，并且同步每个 NN 的元数据，如果 active 状态的 NN 宕机，则马上启用状态为 standby 的备用节点。

（4）查看 Hadoop 集群的基本统计信息命令是（　　）。

提示：参考图 3.12。

3）判断题

（1）HDFS 操作的路径可以是绝对路径，也可以是相对路径。　　　　　　　（　　）

（2）hadoop dfs admin –report 命令用于检测 HDFS 损坏块。　　　　　　（　　）

提示：用 hadoop dfsadmin –report 命令可以快速定位出哪些节点宕机、HDFS 的容量和使用情况，以及每个节点的硬盘使用情况。

4）多选题

（1）HDFS 中的常用命令包括（　　）。

A．hadoop fs –ls　　　　　B．hadoop fs –put

C．hadoop fs –rm　　　　　D．hadoop fs –mv

（2）（　　　）属于 Hadoop 2.0 的改进。

A．设计了 HDFS HA

B．提供名称节点热备机制

C．设计了 HDFS Federation，管理多个命名空间

D．设计了新的资源管理框架 YARN

（3）HDFS 1.0 主要存在（　　　）问题。

A．单点故障

B．不可以水平扩展

C．单个名称节点难以提供不同程序之间的隔离性

D．系统整体性能受限于单个名称节点的吞吐量

（4）HDFS Federation 相对于 HDFS 1.0 的优势主要体现在（　　　）。

A．能够解决单点故障问题　　　　B．HDFS 集群扩展性

C．性能更高效　　　　　　　　　D．良好的隔离性

（5）NameNode 在启动时自动进入安全模式，在安全模式阶段，说法正确的是（　　　）。

A．安全模式目的是在系统启动时检查各个 DataNode 上数据块的有效性

B．根据策略对数据块进行必要的复制或删除

C．当数据块最小百分比数满足最小副本数条件时，会自动退出安全模式

D．文件系统允许有修改

（6）想让 HDFS 处理好小文件，比较可行的改进策略包括（　　　）。

A．利用 SequenceFile、MapFile、Har 等方式归档小文件

B．多 Master 设计

C．将 Block 适当调小

D．调大 NameNode 内存或将文件系统元数据存到硬盘里

▲ 3.3　离线分布式计算引擎 MapReduce

3.3.1　MapReduce 结构与原理

1．基础知识

1）MapReduce 结构（见图 3.18）

（1）客户端的作用。

提交 MapReduce 作业。

（2）JobTracker 的作用。

① 作业调度：将一个作业（Job）分成若干个子任务分发到 TaskTraker 中去执行。

② 任务监控：TaskTracker 发送心跳给 JobTracker 报告自己的运行状态。

③ 资源管理：每个任务向 JobTracker 申请资源。

④ 监控过程中发现失败或者运行过慢的任务，对其进行重新启动。

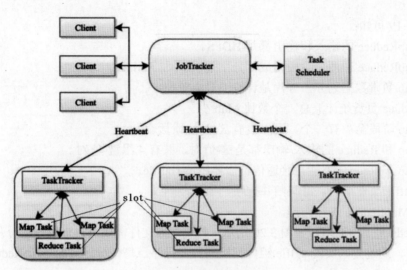

图 3.18　MapReduce 结构①

（3）TaskTraker 的作用。

主动发送心跳给 JobTracker 并与 JobTracker 通信，从而接收 JobTracker 发送过来需要执行的任务。

2）MapReduce 原理

MapReduce 是一种分布式离线计算引擎，基本思想是分而治之，例如，数一下图书馆中的所有书。张三数 1 号书架，李四数 2 号书架，这就是“Map”。人越多，数得就越快。把所有人的统计数加在一起，这就是“Reduce”。

（1）MapReduce 逻辑结构。

MapReduce 逻辑结构，如图 3.19 所示。

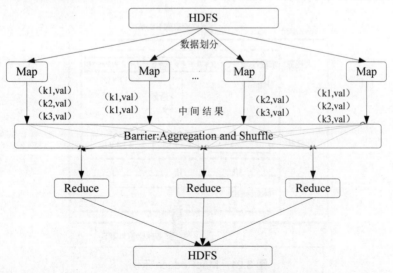

图 3.19　MapReduce 逻辑结构

① 图片来源：https://www.cnblogs.com/freyjafs/p/10984310.html

由图 3.19 可知：

① MapReduce 的输入和输出都是 HDFS。

② MapReduce 由两个阶段构成，分别是 Map 和 Reduce。

③ Map 负责数据划分，分片是计算的最小单位。

④ Reduce 负责统计汇总，个数比 Map 少。

⑤ Map 阶段至少有一个，可以没有 Reduce 阶段。

⑥ Map 和 Reduce 的输入/输出都是键-值对，共有 4 组键-值对。

⑦ Map 和 Reduce 不能直接通信，需要经过 shuffle。

⑧ shuffle 负责组内、组间归并排序。

（2）MapReduce 工作原理。

MapReduce 工作原理，如图 3.20 所示。首先，大文件需要分片，每一个分片就是一个 Map，其次，通过分区实现 suffle 组内、组间归并排序，每个分区对应一个 Reduce 过程。

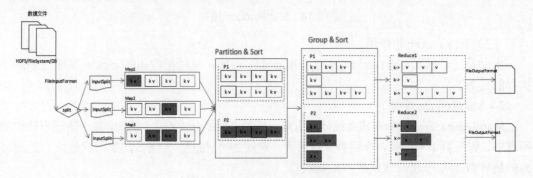

图 3.20 MapReduce 工作原理

（3）MapReduce 示例，如图 3.21 所示。

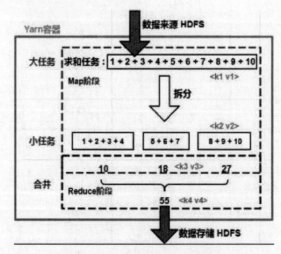

图 3.21 MapReduce 示例

（4）Combiner 组件。

MapReduce 框架使用 Map 将数据处理成一个<key,value>键-值对，在网络节点间对其进行整理（shuffle），然后使用 Reduce 处理数据并进行最终输出。

如果有 10 亿个数据，Map 会生成 10 亿个键-值对在网络间进行传输，键-值对最终聚集于一个单一的 Reducer 之上，从而大大降低程序的性能。但如果只是对数据求最大值，那么很明显，Map 只需要输出它所知道的最大值即可。这就是引入 Combiner 的理由。

Combiner 就是为了降低 map 任务和 reduce 任务之间的数据传输而设置的，MapReduce 允许用户针对 Map Task 的输出指定一个合并函数，即为了减少传输到 Reduce 中的数据量。它主要是为了削减 Map 的输出从而减少网络带宽和 Reduce 之上的负载，如图 3.22 和图 3.23 所示。

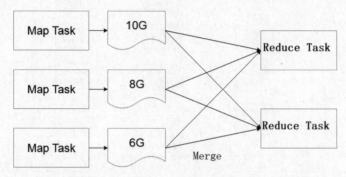

图 3.22　没有 Combiner 的 Map（1）

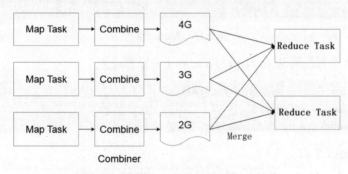

图 3.23　使用 Combiner 的 Map（2）

在 Combiner 组件参与的情况下，数据结构转换如下。

Map: $(K1, V1) \rightarrow list(K2,V2)$。

Combine: $(K2, list(V2)) \rightarrow list(K3, V3)$。

Reduce: $(K3, list(V3)) \rightarrow list(K4, V4)$。

注意：

① 很多人认为 Combiner 的输出是 Map 的 Merge 操作过程，其实不然，Map 输出数据的 Merge 操作只会产生在有数据外溢（spill）的时候。

② 与 Map 和 Reduce 不同的是，Combiner 没有默认的实现，需要显式地设置在 conf 中才有作用。

③ 并不是所有的 Job 都适用 Combiner。

④ 一般来说，Combiner 和 Reducer 进行同样的操作。

3）slipt

（1）分片概念。

在进行 Map 计算之前，mapreduce 会根据输入文件计算输入分片（split），如图 3.24 所示，每个 split 针对一个 Map 任务，split 存储的并非数据本身，而是一个分片长度和一个记录数据位置的数组。

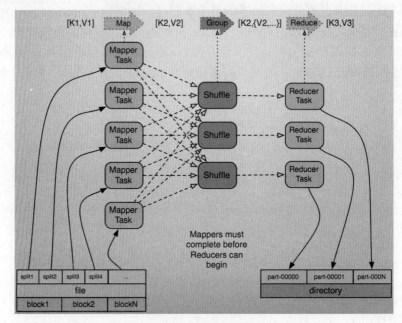

图 3.24　Map 分片[①]

（2）分片大小范围可以在 mapred-site.xml 中设置。

```
minSize=max{minSplitSize,mapred.min.split.size}
maxSize=mapred.max.split.size
splitSize=max{minSize,min{maxSize,blockSize}}
```

（3）默认 map 个数。
如果不进行任何设置，默认的 map 个数是和 blcok_size 相关的。

```
default_num = total_size / block_size;
```

（4）minSize 和 maxSize 与 blockSize 之间的关系，确定分片大小，如图 3.25～图 3.28 所示。

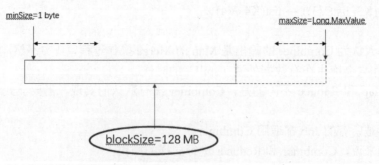

图 3.25　当 blockSize 位于 minSize 和 maxSize 之间时，认 blockSize

① 图片来源：https://blog.csdn.net/zg_24/article/details/80635056

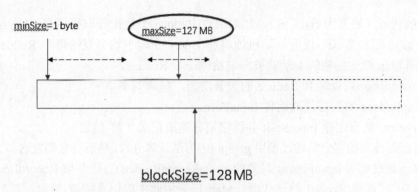

图 3.26　当 maxSize 小于 blockSize 时，认 maxSize

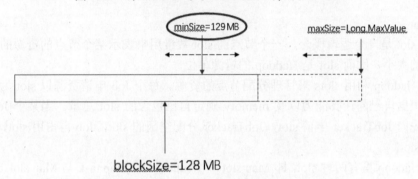

图 3.27　当 minSize 大于 blockSize 时，认 minSize

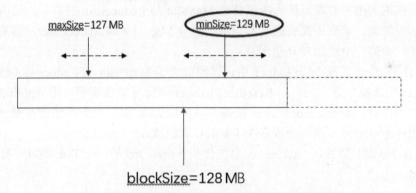

图 3.28　当 maxSize 小于 minSize 时，认 minSize

（5）分片准则。

① 如果想增加 Map 个数，则设置 mapred.map.tasks 为一个较大的值。

② 如果想减小 Map 个数，则设置 mapred.min.split.size 为一个较大的值。

③ 如果输入中有很多小文件，依然想减少 Map 个数，则需要将小文件合并（Merger）为大文件。

4）partitioner 组件

在 Reduce 过程中，可以根据实际需求（例如，按某个维度进行归档，类似于数据库的分组）设置分区，分区的设置需要与 ReduceTaskNum 配合使用。

partitioner 的作用是将 Map 输出的 key/value 拆分为分片。默认情况下，partitioner 先计

算 key 的散列值（通常为 md5 值）。然后通过 Reduce 个数执行取模运算：key.hashCode%(reduce 个数)。这种方式不仅能够随机地将整个 key 空间平均分发给每个 Reduce，同时也能确保不同 Map 产生的相同 key 能被分发给同一个 Reduce。

使用 partitioner 可以达到 Reduce 的负载均衡，提高效率。

5）MapReduce 的数据读取组件 InputFormat

InputFormat 负责创建 InputSplit 并将它们分割成记录（键-值对）。

Client 运行作业的客户端通过调用 getSplits()方法计算分片，然后将它们发送到 Application Master。Map 通过调用 InputFormat 对象的 createRecordReader()方法获取 RecordReader 对象。RecordReader 就像是 Record 的迭代器，Map 任务用此生成记录的键-值对，然后再传递给 Map 函数。

6）slot

（1）slot 是一个逻辑概念，一个节点的 slot 数量用来表示某个节点的资源的容量或者说是能力的大小，因而 slot 是 Hadoop 的资源单位。

（2）Hadoop 利用 slots 来管理分配节点的资源。每个 Job 申请资源以 slot 为单位，每个节点会根据自己的计算能力以及 memory 确定自己包含的 slot 总量。当某个 Job 要开始执行时，先向 JobTracker 申请 slot，JobTracker 分配空闲的 slot，Job 再占用 slot，Job 结束后，归还 slot。

（3）Hadoop 里有两种 slot，即 Map slot 和 Reduce slot，Map task 与 Map slot 一一对应，Reduce Task 使用 Reduce slot。

注：现在越来越多的观点认为应该打破 Map slot 与 Reduce slot 的界限，这两者应该被视为统一的资源池，从而提高资源的利用率。区分 Map slot 和 Reduce slot，容易导致某一种资源紧张，而另一个资源却有空闲。

（4）在 Hadoop 框架 MapReduce 中，已经取消了 Map slot 与 Reduce slot 的概念，并将 Jobtracker 的功能一分为二，用 ResourceManager 来管理节点资源，用 ApplicationMaster 来监控与调度作业。ApplicationMaster 使每个 Application 都有一个单独的实例，它是用户提交的一组任务，它可以由一个或多个 Job 的任务组成。

（5）Hadoop 中通常每个 tasktracker 会包含多个 slot，Job 的一个 Task 均对应于 tasktracker 中的一个 slot。

2．练习

1）单选题

（1）下面关于 MapReduce 的描述，正确的是（   ）。

    A．MapReduce 程序必须包含 Mapper 和 Reducer

    B．MapReduce 程序的 MapTask 可以任意指定

    C．MapReduce 程序的 ReduceTask 可以任意指定

    D．MapReduce 程序的默认数据读取组件是 TextInputFormat

（2）在 MapReduce 中，（   ）组件是用户不指定也不会有默认的。

    A．Combiner   B．TextOutputFormat

    C．Partitioner   D．InputFormat

（3）下列关于 MapReduce 工作流程的描述，正确的是（   ）。

A. 所有的数据交换都是通过 MapReduce 框架自身去实现的

B. 不同的 Map 任务之间会进行通信

C. 不同的 Reduce 任务之间可以发生信息交换

D. 用户可以显式地从一台机器向另一台机器发送消息

（4）（　　）不是 MapReduce 体系结构的主要部分。

A. Client

B. JobTracker

C. TaskTracker 以及 Task

D. Job

提示：参考图 3.14。

（5）下列关于 MapReduce 体系结构的描述，错误的是（　　）。

A. 用户可通过 Client 提供的一些接口查看作业运行状态

B. 用户编写的 MapReduce 程序通过 Client 提交到 JobTracker 端

C. JobTracker 负责资源监控和作业调度

D. JobTracker 会跟踪任务的执行进度、资源使用量等信息，并将这些信息告诉任务调度器（TaskScheduler）

（6）下列关于 MapReduce 体系结构的描述，错误的是（　　）。

A. Task 分为 Map Task 和 Reduce Task 两种，分别由 JobTracker 和 TaskTracker 启动

B. slot 分为 Map slot 和 Reduce slot 两种，分别供 MapTask 和 Reduce Task 使用

C. TaskTracker 使用 slot 等量划分本节点上的资源量（CPU、内存等）

D. TaskTracker 会周期性接收 JobTracker 发送过来的命令并执行相应的操作（如启动新任务、杀死任务等）

（7）下列说法有误的是（　　）。

A. MapReduce 是 Google 三驾马车之一

B. MapReduce 具有非共享式、容错性好特点

C. MapReduce 适用批处理、实时处理

D. MapReduce 采用“分而治之”策略

（8）一个作业的 Map 个数是由（　　）确定的。

A. 属性 mapred.map.tasks 的设定

B. JobTracker 计算得出

C. Input split 分片个数

D. partition

提示：一般情况下，在输入源是文件的时候，一个 task 的 Map 数量由 splitSize 来决定，一个 task 的 Reduce 数量由 partition 来决定。

（9）在 MapReduce 体系结构中，JobTracker 的主要任务是（　　）。

A. 负责资源监控和作业调度，监控所有 TaskTracker 与 Job 的健康状况

B. 使用 slot 等量划分本节点上的资源量（CPU、内存等）

C. 会周期性地通过“心跳”将本节点上资源的使用情况和任务的运行进度汇报给 TaskTracker

D. 会跟踪任务的执行进度、资源使用量等信息，并将这些信息告诉 TaskScheduler

（10）MapReduce 全过程会产生（　　）组键-值对。

A. 1　　　　　　B. 2　　　　　　C. 3　　　　　　D. 4

（11）当 blockSize 位于 minSize 和 maxSize 之间时，分片大小为（　　）。

　　　　　　　A．blockSize　　B．minSize　　　　C．maxSize　　　　D．随机

（12）当 maxSize 小于 minSize 时，分片大小为（　　　）。

　　　　　　　A．blockSize　　B．minSize　　　　C．maxSize　　　　D．随机

（13）MapReduce 的 Map 函数产生很多的（　　　）。

　　　　　　　A．key　　　　　B．value　　　　　C．<key,value>　　D．Hash

（14）在 MapReduce 计算架构中，（　　　）组件运行在 NameNode 节点上，提供集群资源的分配和工作调度管理。

　　　　　　　A．Client　　　　B．JobTracker　　C．TaskTracker　　D．Task

（15）在 MapReduce 计算架构中，（　　　）组件运行在 DataNode 上，具体管理本节点计算任务的执行。

　　　　　　　A．Client　　　　B．JobTracker　　C．TaskTracker　　D．Task

（16）下列关于 JobTracker 叙述不正确的一项为（　　　）。

　　　　　　　A．MapReduce 框架的使用者　　　　B．协调 MapReduce 作业

　　　　　　　C．分配任务　　　　　　　　　　　　D．监控任务

（17）下列关于 Map/Reduce 计算流程叙述不正确的一项为（　　　）。

　　　　　　　A．Mapper 读取分派给它的输出 split，并生成相应的本地缓存

　　　　　　　B．Mapper 执行计算处理任务，将中间结果输出保存到本地缓存

　　　　　　　C．Application Master 调度 Reducer 读取 Mapper 的中间输出文件，执行 Reduce 任务

　　　　　　　D．Reducer 将最后结果写入输出文件，保存到 HDFS

（18）MapReduce 流程有（　　　）个阶段。

　　　　　　　A．3　　　　　　　B．2　　　　　　　C．4　　　　　　　D．5

（19）在 MapReduce 中，（　　　）阶段，Mapper 执行 Task Map，将输出结果写入中间文件。

　　　　　　　A．Shuffle　　　　B．Map　　　　　C．Reduce　　　　D．Sort

（20）MapReduce 的 Shuffle 过程中，（　　　）操作是最后做的。

　　　　　　　A．溢写　　　　　B．分区　　　　　C．排序　　　　　D．合并

　　提示：在 MapReduce 的 Shuffle 阶段，溢写阶段分为两类：① 环形缓冲区的数据到达 80%时，会溢写到本地磁盘，当再次达到 80%时，会再次溢写到磁盘，直到最后一次，不管环形缓冲区还有多少数据，都会溢写到磁盘。然后会对这多次溢写到磁盘的多个小文件进行合并，从而减少 Reduce 阶段的网络传输。② 如果没有达到 80%，Map 阶段就结束了，则直接把环形缓冲区的数据写到磁盘上，供下一步合并使用。

（21）MapReduce 编程模型中，以下组件（　　　）是最后执行的。

　　　　　　　A．Mapper　　　　B．Partitioner　　C．Reducer　　　　D．shufle

2）填空题

（1）一个输入 split 就是一个由单个（　　　）来处理的输入块。

（2）每一个 Map 只处理一个（　　　）。

（3）每个 Job 申请资源以（　　　）为单位。

（4）当某个 Job 要开始执行时，先向（　　　）申请 slot。

（5）Hadoop 的资源单位为（　　）。

（6）Hadoop 利用（　　）来管理分配节点的资源。

（7）Hadoop 里有两种 slot，即 map slot 和（　　）。

（8）每个 tasktracker 会包含（　　）个 slot。

（9）Job 的一个 task 均对应于 tasktracker 中的一个（　　）。

（10）每个任务向（　　）申请资源。

（11）MapReduce 采用"（　　）"的策略。

（12）Map 的输入数据来自（　　）。

（13）Combiner 没有默认的实现，需要显式地设置在（　　）中才有作用。

（14）分片大小范围可以在（　　）中设置。

3）判断题

（1）split 存储的是数据本身。 （　　）

（2）InputFormat 负责创建 InputSplit 并将它们分割成记录（键-值对）。 （　　）

（3）输入分片 split 其实是对数据的引用。 （　　）

（4）Map 任务之间会进行通信。 （　　）

（5）Reduce 任务之间会进行通信。 （　　）

（6）Map Task 与 Map slot 一一对应。 （　　）

（7）区分 Map slot 和 Reduce slot，容易导致某一种资源紧张，而另一个资源却有空闲。

（　　）

（8）Shuffle 数据来自 HDFS。 （　　）

（9）Map 的输出数据就是 Reduce 的输入数据。 （　　）

（10）每个 TaskTracker 节点必须包含 Map 过程。 （　　）

（11）每个 TaskTracker 节点必须包含 Reduce 过程。 （　　）

（12）每个 TaskTracker 节点的 Map 过程数大于 Reduce 过程数。 （　　）

（13）Combiner 的输出是 Map 的 Merge 操作过程。 （　　）

（14）所有的 Job 都适用 Combiner。 （　　）

（15）一般来说，Combiner 和 Reducer 进行同样的操作。 （　　）

（16）*MapReduce 的 input split 一定是一个 block。 （　　）

（17）Hadoop 是 Java 开发的，所以 MapReduce 只支持 Java 语言编写。 （　　）

（18）每个 Map 槽就是一个线程。 （　　）

（19）Mapreduce 的 input split 就是一个 block。 （　　）

4）多选题

（1）JobTracker 主要包括（　　）三大功能。

　　A．资源管理　　B．任务调度　　C．任务监控　　D．提交 MapReduce 作业

（2）TaskTraker 主要包括（　　）。

　　A．主动发送"心跳"给 JobTracker

　　B．与 JobTracker 通信

　　C．接收 JobTracker 发送过来的需要执行的任务

　　D．任务监控

（3）shuffle 过程包括（　　）。

A．slot　　　　B．slot&sort　　　C．partition&sort　　　D．Group&sort

（4）以下描述正确的是（　　　）。

A．输入分片 input split 其实是对数据的引用

B．MultipleInputs 可以设置多个数据源以及它们对应的输入格式

C．可以通过重载 isSplitable()方法来避免文件分片

D．ReduceTask 需要等到所有的 map 输出都复制完才进行 Merge

（5）配置机架感知操作，以下（　　　）正确。

A．如果一个机架出问题，不会影响数据读写

B．写入数据的时候会写到不同机架的 DataNode 中

C．MapReduce 会根据机架获取离自己比较近的网络数据

D．机架内机器之间的网络速度通常都会低于跨机架机器之间的网络速度

5）简答题

（1）简述 MapReduce 数据读取组件 InputFormat 的工作原理。

（2）简述 slot 的作用。

（3）简述 Combiner 组件的作用。

（4）简述 partitioner 组件的作用。

3.3.2　MapReduce 部署与优化

1．基础知识

1）Web 监控

50030 端口，查看 JobTracker 状态，如图 3.29 所示。

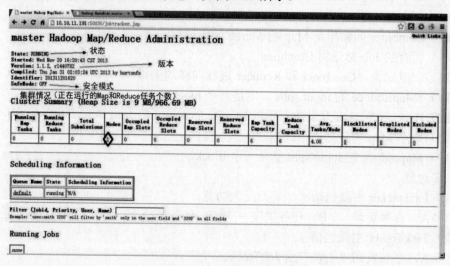

图 3.29　JobTracker 状态监控

2）Hadoop 数据序列化类型

序列化就是把内存中的对象转换成字节序列（或其他数据传输协议），以便于存储到磁盘（持久化）和网络传输，如表 3.5 所示。

表 3.5　常用的数据类型对应的 Hadoop 数据序列化类型

Java 类型	Hadoop Writable 类型	Java 类型	Hadoop Writable 类型
Boolean	BooleanWritable	Double	DoubleWritable
Byte	ByteWritable	String	StringWritable
Int	IntWritable	Map	MapWritable
Float	FloatWritable	Array	ArrayWritable
Long	LongWritable	byte[]	BytesWritable

反序列化就是将收到的字节序列（或其他数据传输协议）或磁盘的持久化数据，转换成内存中的对象。

2．练习

1）单选题

（1）下面不属于 Hadoop 自己封装的序列化类型是（　　）。

　　A．Text　　　　B．IntWritable　　　C．StringWritable　　　D．nullWritable

（2）下列（　　）业务场景中，不能直接使用 Reducer 充当 Combiner 使用。

　　A．sum 求和　　　B．max 求最大值　　　C．count 求计数　　　D．avg 求平均值

（3）一个 MapReduce 程序中的 MapTask 的个数由（　　）决定。

　　A．输入的总文件数

　　B．客户端程序设置的 MapTask 的个数

　　C．FileInputFormat.getSplits(JobContext job)计算出的逻辑切片的数量

　　D．输入的总文件大小/数据块大小

2）填空题

通过 Web 查看 JobTracker 状态的端口是（　　）。

3）判断题

序列化就是把内存中的对象转换成字节序列。　　　　　　　　　　　　　　　　（　　）

4）简答题

（1）什么是序列化？

（2）通过 Web 能查看 JobTracker 的哪些状态信息？

3.4　集群资源管理 YARN

3.4.1　YARN 的结构与原理

1．基础知识

1）YARN 架构

YARN 采用了一种分层的集群计算框架，它不再是一个单纯的计算框架，而是一个计算资源管理器，如图 3.30 所示。

2）YARN 工作原理

YARN 工作原理，如图 3.31 所示。

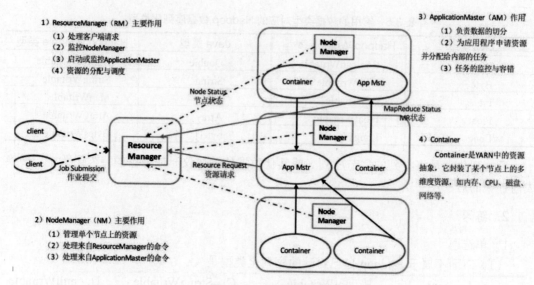

图 3.30　YARN 架构①

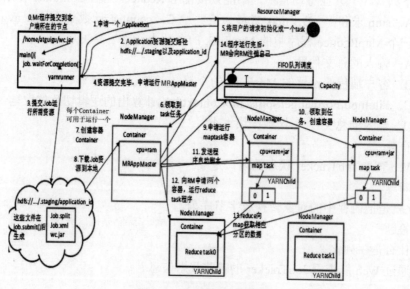

图 3.31　YARN 工作原理②

3）MapReduce 1.X 和 MapReduce 2.X 组件对比

MapReduce 1.X 和 MapReduce 2.X 组件对比，如表 3.6 所示。

表 3.6　MapReduce 1.X 和 MapReduce 2.X 组件对比

mrv1	mrv2
JobTracker	MRAppMaster
TaskTracker	NodeManager
slot	Container

---

① 图片来源：https://www.cnblogs.com/dongchao3312/p/13949630.html

② 图片来源：https://www.cnblogs.com/dongchao3312/p/13949630.html

4）3 种调度策略

（1）队列调度：FIFO Scheduler（先来先到，如图 3.32 所示）。

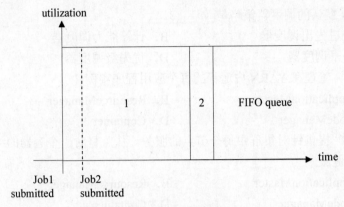

图 3.32　队列调度

（2）容量调度：Capacity Scheduler（小任务优先，如图 3.33 所示）。

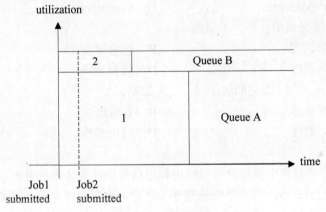

图 3.33　容量调度

（3）公平调度：Fair Scheduler（动态调整，如图 3.34 所示）。

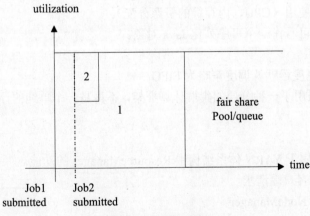

图 3.34　公平调度

2．练习

1）单选题

（1）YARN 默认的调度器策略是（　　）。

　　A．先进先出调度器　　　　　　　B．计算能力调度器

　　C．公平调度器　　　　　　　　　D．优先级调度器

（2）（　　）管理在 YARN 内运行的每个应用程序实例。

　　A．ApplicationMaster　　　　　　B．ResourceManager

　　C．NodeManager　　　　　　　　D．Container

（3）（　　）提供针对集群中每个节点的服务，从监督对一个容器的终生管理到监视资源和跟踪节点健康。

　　A．ApplicationMaster　　　　　　B．ResourceManager

　　C．NodeManager　　　　　　　　D．Container

（4）ApplicatioMaster 可从资源调度器获取以（　　）表示的资源。

　　A．JobTracker　　　　　　　　　B．ResourceManager

　　C．NodeManager　　　　　　　　D．Container

（5）小任务优先属于（　　）策略。

　　A．公平调度　　　　　　　　　　B．容量调度

　　C．队列调度　　　　　　　　　　D．随机调度

（6）让小任务占用 1/2 空间属于（　　）策略。

　　A．公平调度　　　　　　　　　　B．容量调度

　　C．队列调度　　　　　　　　　　D．随机调度

2）填空题

（1）（　　）控制整个集群并管理应用程序向基础计算资源的分配。

（2）ResourceManager 将各个资源部分（计算、内存、带宽等）精心安排给（　　）。

（3）ApplicationMaster 承担了 MapReduce 中的一些（　　）角色。

（4）ResourceManager 承担了 MapReduce 中的（　　）角色。

（5）（　　）负责协调来自 ResourceManager 的资源，并通过 NodeManager 监视容器的执行和资源的使用（CPU、内存等的资源分配）。

（6）（　　）可看作一个可序列化 Java 对象。

3）判断题

（1）YARN 调度器默认调度策略为 FIFO。　　　　　　　　　　　　　　　　（　　）

（2）YARN 采用了一种分层的集群计算框架，不再是一个单纯的计算框架，而是一个计算框架管理器。　　　　　　　　　　　　　　　　　　　　　　　　　　　　　（　　）

4）多选题

（1）（　　）属于 YARN 体系结构中 ResourceManager 的功能。

　　A．处理客户端请求

　　B．监控 NodeManager

　　C．资源分配与调度

    D．处理来自 ApplicationMaster 的命令

（2）（   ）属于 YARN 体系结构中 ApplicationMaster 的功能。

    A．任务调度、监控与容错

    B．为应用程序申请资源

    C．将申请的资源分配给内部任务

    D．处理来自 ResourceManger 的命令

（3）YARN 的调度算法包括（   ）。

    A．FIFO Scheduler   B．Fair Scheduler

    C．Capacity Scheduler   D．Stack Scheduler

提示：参考图 3.29～图 3.31。

（4）YARN 体系结构主要包括（   ）3 个部分。

    A．ResourceManager   B．NodeManager

    C．ApplicationMaster   D．DataManager

（5）在 YARN 体系结构中，ApplicationMaster 主要功能包括（   ）。

    A．当用户作业提交时，ApplicationMaster 与 ResourceManager 协商获取资源，ResourceManager 会以容器的形式为 ApplicationMaster 分配资源

    B．把获得的资源进一步分配给内部的各个任务（Map 任务或 Reduce 任务），实现资源的"二次分配"

    C．定时向 ResourceManager 发送"心跳"消息，报告资源的使用情况和应用的进度信息

    D．向 ResourceManager 汇报作业的资源使用情况和每个容器的运行状态

（6）YARN 的目标就是实现一个集群多个框架，主要理由包括（   ）。

    A．一个企业中同时存在各种不同的业务应用场景，需要采用不同的计算框架

    B．为了避免不同类型应用之间互相干扰，企业需要把内部的服务器拆分成多个集群，分别安装运行不同的计算框架，即一个框架一个集群

    C．这些产品通常来自不同的开发团队，具有各自的资源调度管理机制

    D．解决单点故障

5）简答题

（1）简述 YARN 结构。

（2）简述 YARN 工作原理。

（3）简述 YARN 调度策略之间的区别。

3.4.2 YARN 部署、优化与监控

1．基础知识

1）修改配置文件

  （1）etc/hadoop/mapred-site.xml

  （2）etc/hadoop/yarn-site.xml

2）启动与停止

（1）启动：

```
sbin/start-yarn.sh
```

（2）停止：

```
sbin/stop-yarn.sh
```

3）运行一个 MapReduce 作业

```
hadoop jar xxxx.jar
```

4）状态监控

8088 端口监控 YARN 状态，如图 3.35 所示。

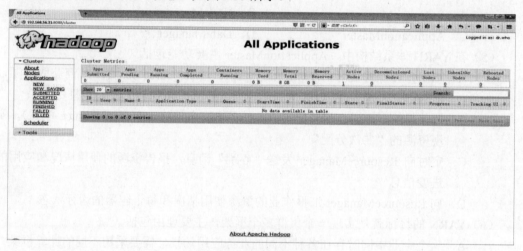

图 3.35　YARN 状态监控

5）优化建议

数据本地化：DN 与 NM 在同一台机器上，提高运算速度，如图 3.36 所示。

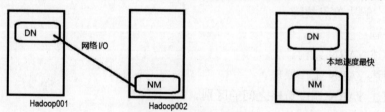

图 3.36　数据本地化

2. 练习

1）单选题

（1）一般来说，（　　　）是 YARN 的 Web 访问的端口号。

    A．50070　　　　　　　　　　B．8088

    C．9000　　　　　　　　　　　D．8090

提示：参考图 3.32。

（2）YARN 启动文件放在（　　）目录下。

  A．home B．etc   C．bin D．sbin

2）填空题

提交作业的命令是（　　）xxxx.jar。

3）判断题

DN 与 NM 在同一台机器上，可以提高运算速度。   （　　）

4）多选题

YARN 的配置文件是（　　）。

A．mapred-site.xml   B．yarn-site.xml

C．core-site.xml   D．hdfs-site.xml

5）简答题

通过 8088 端口可能监控到哪些信息？

第 4 章

分布式系统协调器 Zookeeper

Zookeeper 是一个开放源的分布式集群协调器，监视着集群中各个节点的状态，根据节点提交的反馈进行下一步合理操作。最终，将简单易用的接口和性能高效、功能稳定的系统提供给用户。

分布式应用程序可以基于 Zookeeper 实现诸如数据发布/订阅、负载均衡、命名服务、分布式协调/通知、集群管理、Leader 选举、分布式锁和分布式队列等功能。

4.1 Zookeeper 结构

1．基础知识

1）Zookeeper 结构

Zookeeper 的结构，如图 4.1 所示。

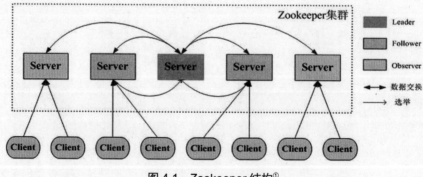

图 4.1　Zookeeper 结构①

① 图片来源：https://blog.csdn.net/weixin_50254029/article/details/117963385

（1）集群的 3 种角色。

① Leader。事务请求的唯一调度和处理者，保证集群事务处理的顺序性；集群内部各服务器的调度者。

② Follower。处理客户端的非事务请求，转发事务请求给 Leader 服务器；参与事务请求 Proposal 的投票；参与 Leader 选举投票。

③ Observer。3.0 版本以后引入的一个服务器角色，在不影响集群事务处理能力的基础上提升集群的非事务处理能力；处理客户端的非事务请求，转发事务请求给 Leader 服务器；不参与任何形式的投票。

（2）节点的 4 种状态。

Looking："寻找"状态，即当前节点认为集群中没有 Leader，进而发起选举。

Leading："领导"状态，即当前节点就是 Leader，并维护与 Follower 和 Observer 的通信。

Following："跟随"状态，即当前节点是 Follower，且正在保持与 Leader 的通信。

Observing："观察"状态，即当前节点是 Observer，且正在保持与 Leader 的通信，但是不参与 Leader 选举。

2）Zookeeper 作用

（1）选举 Leader。主节点宕机后，从节点会接手工作，并且保证这个节点是唯一的，从而保证集群的高可用。

（2）统一配置文件管理。即只需要部署一台服务器，就可以把相同的配置文件同步更新到所有的服务器，此操作在云计算中用得特别多。

（3）发布和订阅。实现数据的集中式管理和数据的动态更新。

（4）提供分布式锁。分布式环境中不同进程之间争夺资源，类似多线程中的锁。锁服务可以分为两类：一个是保持独占，另一个是控制时序。

（5）集群管理。集群管理无外乎两点：是否有机器退出和加入、选举 master。对于第一点，所有机器约定在父目录下创建临时目录节点，然后监听父目录节点的子节点变化消息。一旦有机器挂掉，该机器与 Zookeeper 的连接断开，其所创建的临时目录节点被删除，所有其他机器都会收到通知：某个兄弟目录被删除。于是，所有机器都知道。新机器加入与此类似，所有机器都会收到通知：新兄弟目录加入。

3）Zookeeper 集群特性

（1）半数机制。集群中只要有半数以上节点存活，集群就能够正常工作，所以一般集群中的服务器个数都为奇数，最少为 3 个。

（2）最终一致。Watcher 的通知事件从 Server 发送到 Client 是异步的；所以，Zookeeper 只能保证最终的一致性，而无法保证强一致性。

（3）更新请求顺序执行。来自同一个客户端的更新请求，按其发送顺序依次执行。

（4）数据更新的原子性。一次数据更新，要么成功，要么失败。

（5）实时性。在一定的时间范围内，客户端能读取到最新数据。

2. 练习

1）单选题

（1）集群协调器模块名称是（　　　）。

　　　　A．YARN　　　　　　　　　　B．Zookeeper

　　　　C．HBase　　　　　　　　　　D．Hive

（2）不参与投票的节点是（　　　）。

　　　　A．Observer　　　　　　　　　B．Leader

　　　　C．Follower　　　　　　　　　D．Looking

（3）关于 Follower 角色描述错误的是（　　　）。

　　　　A．处理客户端的非事务请求，转发事务请求给 Leader 服务器

　　　　B．参与事务请求 Proposal 的投票

　　　　C．集群内部服务的调度者

　　　　D．参与 Leader 选举投票

（4）关于 Zookeeper 的描述错误的是（　　　）。

　　　　A．是一个分布式的，开放源的分布式应用程序协调器

　　　　B．它是集群的管理者，监视着集群中各个节点的状态根据节点提交的反馈进行
下一步合理操作

　　　　C．分布式应用程序可以基于 Zookeeper 实现诸如数据发布/订阅、负载均衡、命
名服务、分布式协调/通知等

　　　　D．如果集群中一台服务带宕机了，必须重新启动才能工作

（5）一次数据更新，要么成功，要么失败。属于（　　　）特性。

　　　　A．实时性　　　　　　　　　　B．原子性

　　　　C．最终一致性　　　　　　　　D．顺序执行

（6）3.0 版本以后引入的一个服务器角色是（　　　）。

　　　　A．Observer　　　　B．Leader　　　　C．Follower　　　　D．Looking

2）填空题

（1）在 3 台集群上启动 Zookeeper 后，当查看这 3 台集群 Zookeeper 状态时，会有一
个（　　　）和两个 Follower 状态。

（2）Zookeeper 通过原子广播协议来保证（　　　）。

（3）只有（　　　）能处理写请求。

（4）Zookeeper 集群能够正常工作，最少（　　　）个节点。

（5）Zookeeper 专门设计的一种支持崩溃恢复的原子广播协议是（　　　）。

3）判断题

（1）Leader 和 Follower 都能处理读请求。　　　　　　　　　　　　　　　（　　　）

（2）集群中每台服务器保存一份相同的数据副本，不论客户端连接到哪个服务器，数
据都是一致的。　　　　　　　　　　　　　　　　　　　　　　　　　　　　（　　　）

（3）集群中只要有半数以上节点存活，集群就能够正常工作。　　　　　　　（　　　）

4）多选题

（1）Zookeeper 特性包括（　　　）。

　　　　A．顺序执行　　　　　　　　　B．半数机制

　　　　C．原子性　　　　　　　　　　D．实时性

（2）集群 Follower 角色的功能包括（　　　）。

A．集群内部各服务的调度者

B．处理客户端的非事务请求，转发事务请求给 Leader 服务器

C．参与事务请求 Proposal 的投票

D．参与 Leader 选举投票

（3）集群 Observer 角色的功能包括（　　）。

A．集群内部各服务的调度者

B．事务请求的唯一调度和处理者，保证集群事务处理的顺序性

C．处理客户端的非事务请求，转发事务请求给 Leader 服务器

D．不参与任何形式的投票

（4）分布式应用程序可以基于 Zookeeper 实现诸如（　　）等功能。

A．数据发布/订阅　　　　　　　　B．负载均衡

C．命名服务　　　　　　　　　　D．分布式协调/通知

（5）分布式应用程序可以基于 Zookeeper 实现诸如（　　）等功能。

A．集群管理　　　　　　　　　　B．Leader 选举

C．分布式锁　　　　　　　　　　D．分布式队列

（6）集群管理的主要任务是（　　）。

A．监听是否有机器退出　　　　　B．监听是否有机器加入

C．选举 Leader　　　　　　　　　D．负载均衡

5）简答题

（1）Zookeeper 集群节点个数为什么设置为奇数个？

（2）简述 Zookeeper 集群作用。

（3）简述 Zookeeper 集群特性。

（4）Zookeeper 是什么？

（5）简述 Zookeeper 的命名服务。

（6）简述分布式通知和协调。

4.2　Zookeeper 原理

1．基础知识

1）原子广播

Zookeeper 通过原子广播（Zookeeper atomic broadcast，ZAB）协议来保证最终一致性。只有 Leader 能处理写请求，而 Leader 和 Follower 都能处理读请求，如图 4.2 所示。

2）选举过程

（1）Zookeeper 选举过程中的 4 个核心概念。

① 候选人能力：投票的基本原则是选出最强者。如何衡量 Zookeeper 节点的能力？答案是看数据是否够新，节点的数据越新就代表这个节点的能力越强。在 Zookeeper 中，通常是以事务 Zxid（Zookeeper transaction id）来标识数据的新旧程度（版本）。节点 Zxid 越大，代表这个节点的数据越新，也就代表这个节点的能力越强。

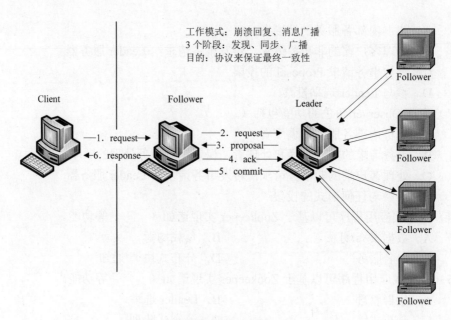

图 4.2 原子广播[①]

② 遇强改投：如果后面发现更强的可以改投票。在集群选举开始时，节点首先认为自己是最强的（即数据是最新的），然后在选票上写上自己的名字（包括 Zxid 和 sid），sid 唯一标识自己。紧接着会将选票传递给其他节点，同时自己也会接收其他节点传过来的选票。每个节点接收到选票后会做比较，这个候选者是不是比自己强（Zxid 比自己大）？如果 B 节点 Zxid 大于 A 节点 Zxid，那么 A 节点就需要修改投票给 B 节点。

③ 投票箱：所有的投票都会被放在投票箱。与人类选举投票箱稍微有点不一样，Zookeeper 集群会在每个节点的内存中维护一个投票箱。节点会将自己的选票以及其他节点的选票都放在这个投票箱中。由于选票是互相传阅的，所以最终每个节点投票箱中的选票会是一样的。

④ 领导者：得票最多的人即为领导者。一旦集群中有超过半数的节点都认为某个节点最强，那该节点就是领导者，投票也宣告结束。

⑤ Chubby 是一种锁服务，分布式集群中的机器通过竞争数据的锁来成为 leader，获得锁的服务器将自己的信息写入数据，让其他竞争者可见。其提供的粗粒度服务是指锁的持有时间比较长，Chubby 会允许抢到锁的服务器，几小时甚至数天内都充当 leader 角色。Chubby 强调系统的可靠性以及高可用性等，而不追求处理高吞吐量以及在协调系统内存储大量数据。其理论基础是 Paxos，通过相互通信并投票，对某个决定达成一致性的认识。

（2）启动 Leader 选举的条件。

① 服务器初始化启动。

② 服务器运行期间 Leader 故障。

（3）案例分析。

假设 3 台服务器启动顺序为 1，2，3，选举过程如图 4.3 所示。

---

① 图片来源：https://www.yisu.com/zixun/95915.html

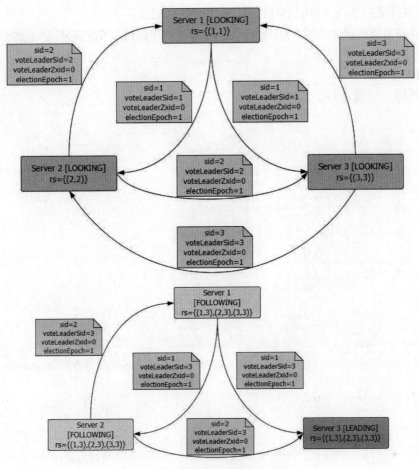

图 4.3　集群启动时的选举过程

3）数据模型

Zookeeper 内部存储数据的数据结构是一棵树，类似于 Linux 文件系统的组织方式。最上层有一个根节点（/），根节点下有子节点，子节点下又能递归地拥有子节点，没有任何子节点的节点称为叶子节点，如图 4.4 所示。

Zookeeper 目录树中每个节点对应一个 Znode。每个 Znode 维护一些属性：当前版本、数据版本、建立时间和修改时间等。Zookeeper 必须使用绝对路径访问数据，为了提高效率，数据一般保存在服务器内存中。

4）Znode 类型

（1）持久节点（PERSISTENT）。

除非手动删除，否则节点一直存在于 Zookeeper 上。

（2）临时节点（EPHEMERAL）。

临时节点的生命周期与客户端会话绑定，一旦客户端会话失效（客户端与 Zookeeper 连接断开会话不一定失效），这个客户端创建的所有临时节点都会被移除。

（3）持久顺序节点（PERSISTENT_SEQUENTIAL）。

持久顺序节点的基本特性同持久节点，只是增加了顺序属性，节点名后会追加一个由父节点维护的自增整型数字。

（4）临时顺序节点（EPHEMERAL_SEQUENTIAL）。

临时顺序节点的基本特性同临时节点，增加了顺序属性，节点名后会追加一个由父节点维护的自增整型数字。

5）CPA 理论

CPA 理论，如图 4.5 所示。

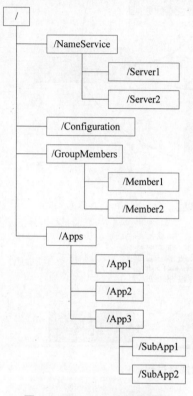

图 4.4　Zookeeper 数据模型

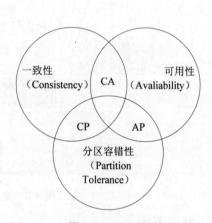

图 4.5　CPA 理论

（1）一致性（Consistency）。

在分布式环境中，一致性是指数据在多个副本之间是否能够保持数据一致的特性。在一致性的需求下，当一个系统在数据一致的状态下执行更新操作后，应该保证系统的数据仍然处于一致的状态。例如，对一个将数据副本分布在不同分布式节点上的系统来说，如果对第一个节点的数据进行了更新操作且更新成功，则其他节点上的数据也应该得到更新，并且所有用户都可以读取到其最新的值，那么这样的系统就被认为具有强一致性（或严格的一致性、最终一致性）。

（2）可用性（Available）。

可用性是指系统提供的服务必须一直处于可用的状态，对于用户的每一个操作请求总是能够在有限的时间内返回结果。如果超过了这个时间范围，那么系统就被认为是不可用的。

（3）分区容错性（Partition Tolerance）。

分布式系统在遇到任何网络分区故障时，仍然需要能够保证对外提供满足一致性和可用性的服务，除非是整个网络环境都发生了故障。

由于一个分布式系统无法同时满足上面的 3 个需求，而只能满足其中的两项。

6）会话（Session）

会话指的是客户端会话。客户端启动时，会与服务器建议 TCP 链接，链接成功后，客户端的生命周期开始，客户端和服务器通过"心跳"检测保持有效的会话和发送请求并响应、监听 Watch 事件等。

7）事件监听器（Watcher）

Watcher 是 Zookeeper 中的一个很重要的特性。Zookeeper 允许用户在指定节点上注册一些 Watcher，并且在一些特定事件触发时，Zookeeper 服务端会将事件通知到感兴趣的客户端上去，该机制是 Zookeeper 实现分布式协调服务的重要特性，如图 4.6 所示。

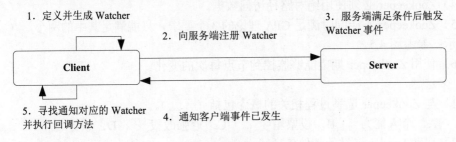

图 4.6　Watcher

Zookeeper Watch 机制的特点如下。

（1）一次性触发数据发生改变时，一个 Watcher 事件会被发送到 Client，但是 Client 只会收到一次这样的信息。

（2）Watcher 的通知事件从 Server 发送到 Client 是异步的，所以，Zookeeper 只能保证最终的一致性，而无法保证强一致性。

（3）数据监视 Zookeeper 有数据监视和子数据监视；getdata() and exists() 设置数据监视，getchildren() 设置了子节点监视。

（4）注册 Watcher：getData()、exists()、getChildren()。

（5）触发 Watcher：create()、delete()、setData()。

（6）当一个客户端连接到一个新的服务器上时，Watcher 将会被以任意会话事件触发。

（7）Watcher 是轻量级的，其实就是本地 JVM 的 Callback，服务器端只是存了是否有设置了 Watcher 的布尔类型。

2．练习

1）单选题

（1）客户端启动时，会与服务器建议 TCP 链接，链接成功后，客户端的生命周期开始，此时，称为建立了一个（　　）。

　　A．ZAB　　　　　B．Znode　　　　　C．Session　　　　D．Watch

（2）一次性触发数据发生改变时，Client 会收到（　　）次这样的信息。

　　A．1　　　　　　B．2　　　　　　　C．3　　　　　　　D．多次

2）填空题

（1）节点数据的新旧是通过（　　）来标识的。

（2）Zxid 越大代表这个节点的数据越（　　）。

（3）客户端访问的数据在（　　）上。

（4）Zookeeper 目录树中每个节点对应一个（　　　）。

（5）为了提高效率，客户端访问的数据一般保存在服务器的（　　　）中。

（6）Zookeeper 内部存储数据的数据结构是（　　　）。

3）判断题

（1）在集群选举开始时，节点首先认为自己是最强的。（　　　）

（2）Zookeeper 集群会在每个节点的内存中维护一个投票箱。（　　　）

（3）一旦集群中有超过半数的节点都认为某个节点最强，那么该节点就是领导者了，投票也宣告结束。（　　　）

（4）Zookeeper 必须使用绝对路径访问数据。（　　　）

（5）Zookeeper 不能同时满足 CPA 理论的 3 个要求，只能满足其中的两个。（　　　）
提示：参考图 4.5。

（6）使用 Zookeeper 期望能够监控到节点每次的变化。（　　　）

4）多选题

（1）与 Zookeeper 选举过程相关的概念包括（　　　）。

　　　A．个人能力　　　B．投票箱　　　C．遇强改投　　　D．领导者

（2）启动 Leader 选举的条件包括（　　　）。

　　　A．服务器初始化启动　　　　　　　B．服务器运行期间 Leader 故障

　　　C．服务器运行期间 Follower 故障　　D．半数节点不工作

（3）关于 Znode 的说法正确的是（　　　）。

　　　A．Znode 中的数据可以有多个版本，在查询该 Znode 数据时需要带上版本信息

　　　B．Znode 可以是临时 Znode，由 create -e 生成的节点

　　　C．临时 Znode 不能有子 Znode

　　　D．Znode 可以自动编号

（4）触发 Watcher 的事件包括（　　　）。

　　　A．create　　　　B．delete　　　　C．setData　　　　D．exists

5）简答题

（1）最终每个节点投票箱中的选票会是一样的，为什么？

（2）简述 3 台服务器构成的 Zookeeper 集群启动时的选举过程。

（3）什么是发布和订阅？

（4）什么是分布式锁？

（5）ZAB 和 Paxos 算法的联系与区别是什么？

（6）简述 Zookeeper 队列管理（文件系统、通知机制）。

（7）Zookeeper 提供了什么？

（8）简述 Zookeeper 文件系统。

（9）简述 Zookeeper Watcher 机制。

（10）简述 Zookeeper 权限控制机制。

（11）简述会话管理。

（12）简述数据同步。

（13）Zookeeper 是如何保证事务的顺序一致性的？

（14）Zookeeper 的 Java 客户端都有哪些？

（15）chubby 是什么，和 Zookeeper 比有何优势或有何不足？

4.3 Zookeeper 部署与优化

1. 基础知识

1）Zookeeper 部署模式

Zookeeper 部署模式包括单机模式、伪集群模式和集群模式。

2）部署

（1）下载地址：https://zookeeper.apache.org/releases.html。

（2）安装模式。Zookeeper 的安装包括单机模式安装和集群模式安装。

（3）配置文件。需要将 zookeeper/conf/zoo_sample.cfg 修改为 zoo.cfg。其中各配置项
如图 4.7 所示。

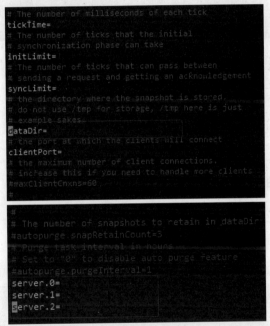

图 4.7 Zookeeper 配置文件

（4）在 Zookeeper 根路径下使用 mkdir data 命令创建 data 文件夹。

（5）在 data 目录下创建 myid 文件，按照图 4.7 来设置 myid 文件中的值，然后保存即可。

#hadoop1 中 myid 值为 0。

#hadoop2 中 myid 值为 1。

#hadoop3 中 myid 值为 2。

3）验证

（1）启动/关闭服务。

```
ZK_HOME/bin/zkServer.sh start
ZK_HOME/bin/zkServer.sh stop
```

（2）启动/关闭客户端。

```
ZK_HOME/bin/zkCli.sh -server 192.168.0.1:2181
```

（3）验证启动是否成功，如图 4.8 所示。

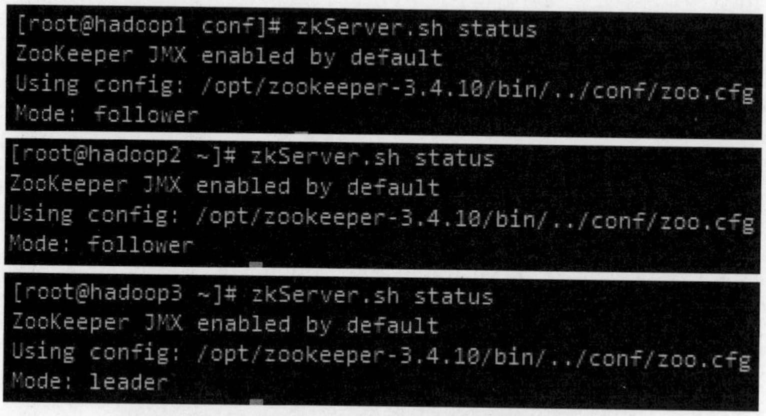

图 4.8　Zookeeper 启动成功

4）节点操作

（1）查看节点。

① 查看节点 zk-temp 下的所有子节点：

```
ls /zk-temp
```

② 查看根节点下的所有子节点：

```
ls /
```

③ 获取节点 zk-temp 下的内容和属性，如图 4.9 所示：

```
get /zk-temp
```

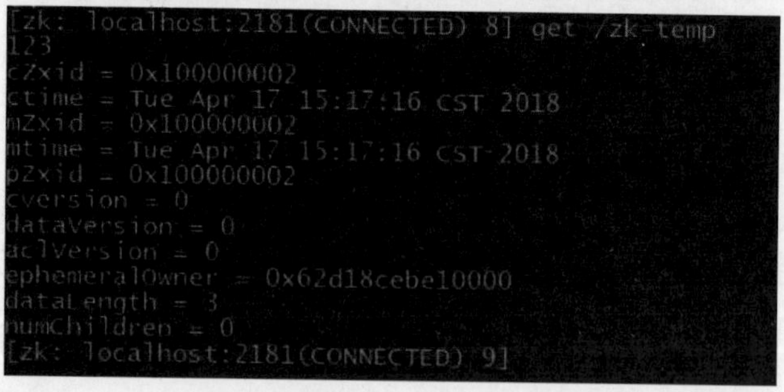

图 4.9　查看节点 zk-temp 的信息

（2）修改节点。

```
set /zk-permanent 456
```

（3）删除节点。

```
delete /zk-permanent
```

（4）退出 Zookeeper 客户端。

```
quit
```

5）监控命令

监控命令，如表 4.1 所示。

表 4.1　Zookeeper 监控命令

监 控 命 令	说　　明
conf	打印 Zookeeper 的配置信息
cons	列出所有的客户端会话链接
crst	重置所有的客户端链接
dump	打印集群的所有会话信息，包括 ID 以及临时节点等信息。用在 Leader 节点上才有效果
envi	列出所有的环境参数
ruok	谐音为 Are you ok。检查当前服务器是否正在运行
stat	获取 Zookeeper 服务器运行时的状态信息，包括版本、运行时的角色、集群节点个数等信息
srst	重置服务器统计信息
srvr	和 stat 输出信息一样，只不过少了客户端的链接信息
wchs	输出当前服务器上管理的 Watcher 概要信息
wchc	输出当前服务器上管理的 Watcher 详细信息，以 Session 为单位进行归组
wchp	和 wchc 非常相似，但是以节点路径进行归组
mntr	输出比 stat 更为详细的服务器统计信息

2. 练习

1）单选题

（1）当安装完 Zookeeper 后，Zookeeper 的配置文件在它的安装目录下的（　　）目录下。

    A．/lib　　　　　　B．/conf　　　　　C．/bin　　　　　　D．/opt

（2）安装了 Zookeeper 的 Hadoop 集群，主节点进程是（　　）。

    A．NameNode　　　　　　　　B．QuorumPeerMain

    C．DateNode　　　　　　　　　D．ResourceManager

（3）当安装完 Zookeeper 后，可以在安装目录下使用（　　）命令查看一个节点上 Zookeeper 的状态。

    A．bin/Zookeeper.sh status　　　　B．bin/zookeeper.sh status

    C．bin/ZKServer.sh status　　　　D．bin/zkServer.sh status

2）填空题

（1）启动 Zookeeper 时，进入 Zookeeper 的安装目录，使用/bin/（　　）来启动 Zookeeper 服务。

（2）在 3 台集群上启动 Zookeeper 后，当查看这 3 台集群的 Zookeeper 状态时，会有一个（　　）和两个 follower 状态。

（3）退出 Zookeeper 客户端的命令是（　　）。

3）判断题

Zookeeper 默认端口是 2181。　　　　　　　　　　　　　　　　　　　　　　（　）

4）多选题

Zookeeper 的部署模式包括（　　）。

A．单机模式　　　　　　　　　　　　B．集群模式

C．远程模式　　　　　　　　　　　　D．伪集群模式

5）简答题

（1）简述 ruok、stat 命令的功能。

（2）简述 Zookeeper 的安装过程。

第 5 章

数据采集组件运维

5.1 日志采集组件 Flume

Flume 是一个分布式、可靠和高可用的海量日志采集、聚合和传输系统。

1. 基础知识

1）Flume 结构

Flume 结构，如图 5.1 所示。

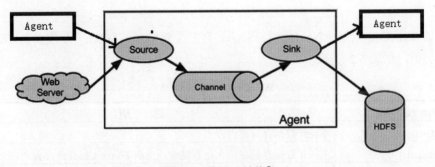

图 5.1　Flume 结构[①]

（1）一个 Agent 就是一个 JVM。

（2）单 Agent 由 Source、Sink 和 Channel 三大组件构成。

（3）Sink 负责持久化日志或者把事件推向另一个 Source。

（4）为了保证输送一定成功，在送到目的地之前，会先缓存数据到 Channel，待数据真正到达目的地后，删除自己缓存的数据。

2）Source、Channel 和 Sink 类型

Flume 提供了大量内置的 Source、Channel 和 Sink 类型。不同类型的 Source、Channel 和 Sink 可以自由组合。组合方式基于用户设置的配置文件，非常灵活。

（1）Source 类型。

Source 类型，如表 5.1 所示。

表 5.1   Source 类型

Source 类型	说　　明
Avro Source	支持 Avro 协议（实际上是 Avro RPC），内置支持
Thrift Source	支持 Thrift 协议，内置支持
Exec Source	基于 UNIX 的 command 在标准输出上生产数据
JMS Source	从 JMS 系统（消息、主题）中读取数据，ActiveMQ 已经测试过
Spooling Directory Source	监控指定目录内的数据变更
Twitter 1% firehose Source	通过 API 持续下载 Twitter 数据，试验性质
Netcat Source	监控某个端口，将流经端口的每一个文本行数据作为 Event 输入
Sequence Generator Source	序列生成器数据源，生产序列数据
Syslog Sources	读取 Syslog 数据，产生 Event，支持 UDP 和 TCP 两种协议
HTTP Source	基于 HTTP POST 方式或 GET 方式的数据源，支持 JSON、BLOB 表示形式
Legacy Sources	兼容老 Flume OG 中的 Source（0.9.x 版本）

（2）Channel。

① Channel 数据的写入是靠 Source 来完成的，数据的读取是靠 Sink 来完成的。

② Channel 是线程安全的，同一时刻可以处理多个 Source 的写入操作和 Sink 的读取操作。

③ 当 Source 接收到一个 event 时，Source 会把这个 Event 存储在一个或多个 Channel 中。

④ 类型，如表 5.2 所示。

表 5.2   Channel 类型

Channel 类型	说　　明
Memory Channel	Event 数据存储在内存中
JDBC Channel	Event 数据存储在持久化存储中，当前 Flume Channel 内置支持 Derby
File Channel	Event 数据存储在磁盘文件中
Spillable Memory Channel	Event 数据存储在内存中和磁盘上，如果内存队列满了，会持久化到磁盘文件（当前试验性的，不建议生产环境使用）
Pseudo Transaction Channel	测试用途
Custom Channel	自定义 Channel 实现

（3）Sink 类型，如表 5.3 所示。

表 5.3　Sink 类型

Sink 类型	说　明
HDFS Sink	数据写入 HDFS
Logger Sink	数据写入日志文件
Avro Sink	数据被转换成 Avro Event，然后发送到配置的 RPC 端口上
Thirft Sink	数据被转换成 Thrift Event，然后发送到配置的 RPC 端口上
IRC Sink	数据在 IRC 上进行回放
File Roll Sink	存储数据到本地文件系统
Null Sink	丢弃所有数据
Hbase Sink	数据写入 Hbase 数据库
Morphline Solr Sink	数据发送到 Solr 搜索服务器（集群）
ElasticSearch Sink	数据发送到 Elastic Search 搜索服务器（集群）
Kite Dataset Sink	写数据到 Kite Dataset，试验性质的
Custom Sink	自定义 Sink 实现

3）Flume 应用场景

（1）Flume 拦截器，如图 5.2 所示。

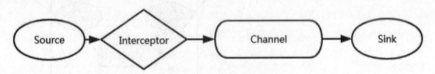

图 5.2　Flume 拦截器

拦截器的位置在 Source 和 Channel 之间，当为 Source 指定拦截器后，在拦截器中会得到 Event，根据需求可以对 Event 进行保留或抛弃，抛弃的数据不会进入 Channel。拦截器起到数据清洗的作用。

（2）多级流，如图 5.3 所示。

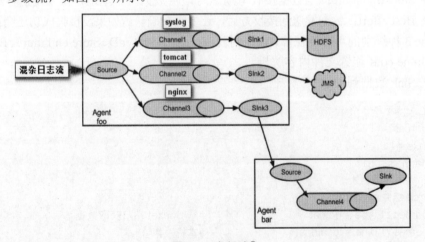

图 5.3　多级流①

---

① 图片来源：https://blog.csdn.net/qq_31784189/article/details/104663345

Flume 还支持多级流。什么是多级流？以云开发中的应用为例，当 syslog、java、nginx、tomcat 等混合在一起的日志流开始流入一个 Agent 后，可以在 Agent 中将混杂的日志流分开，然后给每种日志建立一个自己的传输通道。

（3）负载均衡。

负载均衡，如图 5.4 所示。其中，Agent1 是一个路由节点，负责将 Channel 暂存的 Event 均衡到对应的多个 Sink 组件上，而每个 Sink 组件分别连接到一个独立的 Agent 上。

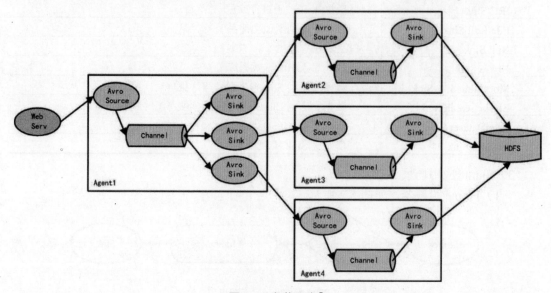

图 5.4　负载平衡①

4）Flume 可靠性方案

（1）end-to-end：收到数据的 Agent 首先将 Even 写到磁盘上，当数据传送成功后，再删除；如果数据发送失败，可以重新发送。

（2）Store on failure：当数据接收方崩溃时，将数据写到本地，待恢复后，继续发送。

（3）Best effort：数据发送到接收方后，还要进行确认，如果没接收成功还会再次发送。

Flume 3 种级别的可靠性保障，从强到弱依次为 end-to-enD、Store on failure、Best effort。

5）flume-conf 配置文件内容解析

（1）Sink 数据到 log。

```
#定义 Agent 和 3 个组件
a1.sources = r1
a1.sinks = k1
a1.channels = c1

#Source 组件参数描述
a1.sources.r1.type = netcat              #从 Socket 端口获取数据
a1.sources.r1.bind = localhost           #本机采集
a1.sources.r1.port = 44444               #采集端口
```

---

① 图片来源：https://blog.csdn.net/qq_31784189/article/details/104663345

```
a1.sources.r1.channels = c1                    #Source 与 Channel 绑定

#Sink 组件参数描述
a1.sinks.k1.type = logger                      #输出到日志
a1.sinks.k1.channel = c1                        #Sink 与 channel 绑定

#Channels 组件参数描述
a1.channels.c1.type = memory                    #用内存来存储 Event
a1.channels.c1.capacity = 1000                  #内存容量
a1.channels.c1.transactionCapacity = 100        #事务的容量
```

（2）Sink 数据到 HDFS。

```
#定义 Agent 和 3 个组件
a1.sources = r1
a1.sinks = k1
a1.channels = c1

#Source 组件参数描述
a1.sources.r1.type = exec                       #采集命令的传输结果数据
a1.sources.r1.command = /home/hadoop/log/test.log
a1.sources.r1.channels = c1                    #Source 与 Channel 绑定

#Sink 组件参数描述
a1.sinks.k1.type = hdfs                         #结果存入 HDFS
a1.sinks.k1.channel = c1                        #Sink 与 Channel 绑定

#Channels 组件参数描述
a1.channels.c1.type = memory
a1.channels.c1.capacity = 1000
a1.channels.c1.transactionCapacity = 100

#10min 采集一次
a1.sinks.k1.hdfs.round = true
a1.sinks.k1.hdfs.roundValue = 10
a1.sinks.k1.hdfs.roundUnit = minute

#文件滚动之前的等待时间（s）
a1.sinks.k1.hdfs.rollInterval = 3

#文件滚动的大小限制（bytes）
a1.sinks.k1.hdfs.rollSize = 500

#写入 20 个 Event 数据后触发 sinks
a1.sinks.k1.hdfs.rollCount = 20

#接收 5 条消息写入 hdfs
```

```
a1.sinks.k1.hdfs.batchSize = 5

#指定 hdfs 目录
a1.sinks.k1.hdfs.path = /flume/events/%y-%m-%d/%H%M/
#文件的命名，前缀
a1.sinks.k1.hdfs.filePrefix = events-
#用本地时间格式化目录
a1.sinks.k1.hdfs.useLocalTimeStamp = true    #以时间戳为目录
#生成的文件类型，默认是 Sequencefile，可用 DataStream，否则为普通文本  a1.sinks.k1.hdfs.
fileType = DataStream
```

6）测试

```
FLUME_HOME/bin/flume-ng  agent  -n  a1  -c  ./conf  -f  ./conf/flume-conf.properties  -Dflume.root.
logger= INFO,console
```

注释如下。

-n：agent 的名字。

-c：配置文件路径。

-f：配置文件名。

-Dflume.root.logger：日志输出（可选）。

2．练习

1）单选题

（1）下列关于 Flume 可靠性的描述，错误的是（　　　）。

  A．当节点出现故障时，日志能够被传送到其他节点上而不丢失

  B．收到数据的 Agent，首先将 Even 写到磁盘上，当数据传送成功后，再删除；如果数据发送失败，可以重新发送

  C．当数据接收方崩溃时，将数据写到本地，待恢复后，继续发送

  D．数据发送到接收方后，还要进行确认，如果没接收成功还会再次发送

（2）下列关于 Flume 组件中 Channel 的描述，错误的是（　　　）。

  A．Channel 是连接 Suorce 和 Sink 的组件，是位于 Suorce 和 Sink 之间的数据缓冲区

  B．Channel 数据的写入是靠 Source 来完成的，数据的读取是靠 Sink 来完成的

  C．Channel 是非线程安全的，同一时刻只能处理一个 Source 的写入操作和 Sink 的读取操作

  D．当 Source 接收到一个 Event 时，Source 会把这个 Event 存储在一个或多个 Channel 中

（3）Hadoop 生态中的 Flume 属于（　　　）组件。

  A．分布式存储　　　　B．数据仓库　　　　C．内存计算　　　　D．数据采集

（4）高可用的、高可靠的、分布式的海量日志采集、聚合和传输的系统模块名称是（　　　）。

  A．YARN　　　　　　B．Zookeeper　　　　C．HBase　　　　　　D．Flume

25

（5）监控指定目录内数据变化的 Source 类型是（　　　）。

    A．Avro   B．Thift

    C．Spooling Derictory   D．exec

（6）采集 UNIX 的 command 在标准输出设备上的数据，使用的 Source 类型是（　　　）。

    A．Avro   B．Thift

    C．Spooling Derictory   D．exec

2）填空题

（1）Sink 负责持久化日志或者把事件推向另一个（　　　）。

（2）Flume 可靠性保障最弱方案是（　　　）。

3）判断题

（1）一个 Agent 就是一个 JVM。　　　　　　　　　　　　　　　　　　（　　　）

（2）为了保证输送一定成功，在送到目的地之前，会先缓存数据到 Channel，待数据真正到达目的地后，删除自己缓存的数据。　　　　　　　　　　　　（　　　）

（3）拦截器的位置在 Channel 和 Sink 之间。　　　　　　　　　　　　（　　　）

4）多选题

（1）Flume 可靠方案包括（　　　）。

    A．Best effort   B．Store on failure   C．end-to-end   D．Interceptor

（2）Agent 组件包括（　　　）。

    A．Sink   B．Suorce   C．Channel   D．Interceptor

（3）Flume 应用场景包括（　　　）。

    A．拦截器   B．多级流   C．可靠传输   D．负载均衡

（4）关于 FIume 的描述，正确的是（　　　）。

    A．FIume 的数据流由事件（Event）贯穿始终

    B．事件是 FIume 的基本数据单位

    C．Event 由 Agent 外部的 Source 生成

    D．事件携带日志数据（字节数组形式）并且携带有头信息

（5）关于 Flume 的核心概念描述，正确的是（　　　）。

    A．Event 是由一个数据单元、消息头和消息体组成

    B．Flow 是从 Channel 中读取并移除 Event，将 Event 传递到 FlowPipeline 中的下一个 Agent

    C．Source 是数据收集组件

    D．Agent 是一个独立的 Flume 进程，包含组件 Source、Channel 和 Sink

（6）关于 Flume 组件的描述，正确的是（　　　）。

    A．Source 是用于采集数据，产生数据流的地方，同时 Source 会将产生的数据流传输到 Channel

    B．Channel 是用于桥接 Sources 和 Sinks 的，类似一个队列

    C．Sink 是从 Channel 收集数据，将数据写到目标源（可以是下一个 Source，也可以是 HDFS 或者 HBase）

D．Agent 是一个独立的 Flume 进程，包含组件 Source、Channel 和 Sink

（7）Channel 是连接 Source 和 Sink 的组件，可以将它看作一个数据的缓冲区，较为常用的 Channel 包括（　　）。

　　A．Memory Channel　　　　　B．File Channel

　　C．JDBC Channel　　　　　　D．Netcat Source

5）简答题

（1）简述 Flume 拦截器应用。

（2）简述 Flume 多级流应用。

（3）简述 Flume 负载均衡应用。

5.2 数据迁移组件 Sqoop

Sqoop（SQL-to-Hadoop）是一种用于在 Hadoop 和结构化数据存储（如关系数据库）之间高效传输批量数据的工具（官网地址是 http://sqoop.apache.org/）。

1．基础知识

1）Sqoop 架构

Sqoop 架构，如图 5.5 所示。

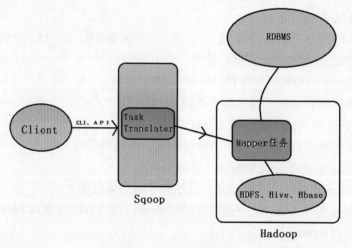

图 5.5　Sqoop 架构①

如图 5.5 所示，Sqoop 工具接收到客户端的 shell 命令或者 Java API 命令后，通过 Sqoop 中的任务翻译器（task translator）将命令转换为对应的 MapReduce 任务；然后，将关系型数据库和 Hadoop 中的数据进行相互转移，进而完成数据的复制。

2）Sqoop 工作的机制

将导入或导出命令翻译成 Map 程序。

---

① 图片来源：https://blog.csdn.net/Forest_sld/article/details/109829890

（1）Sqoop Import 流程，如图 5.6 所示。

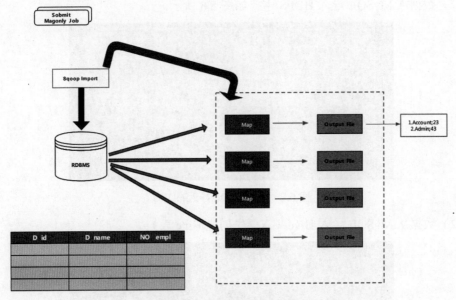

图 5.6　Sqoop Import 流程

① 首先 Sqoop 去 RDBMS 抽取元数据。

② 拿到元数据后将任务切成多个任务分给多个 Map。

③ 然后再由每个 Map 将自己的任务完成之后输出到文件。

（2）Sqoop Export 流程，如图 5.7 所示。

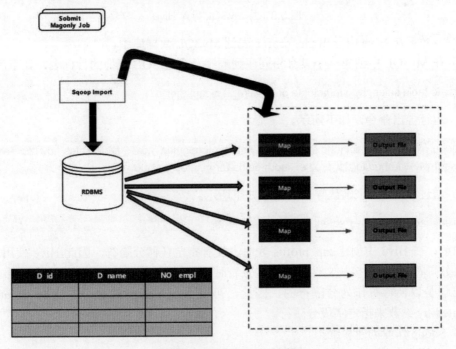

图 5.7　Sqoop Export 流程

3）数据导入/导出命令

（1）数据从 MySQL 导入 HDFS 中，如图 5.8 所示。

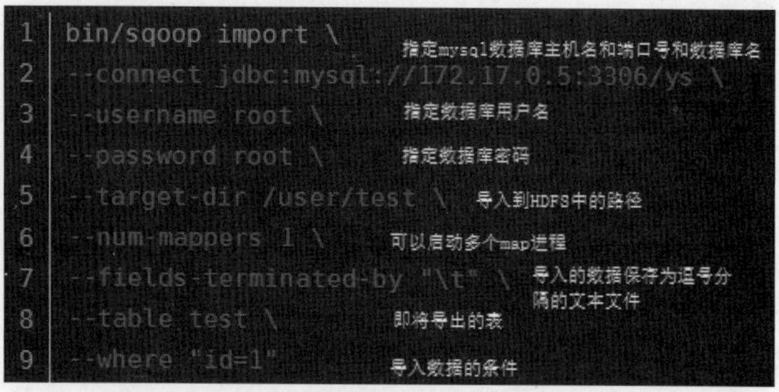

```
1  bin/sqoop import \                      指定mysql数据库主机名和端口号和数据库名
2  --connect jdbc:mysql://172.17.0.5:3306/ys
3  --username root \                        指定数据库用户名
4  --password root \                        指定数据库密码
5  --target-dir /user/test \                导入到HDFS中的路径
6  --num-mappers 1 \                        可以启动多个map进程
7  --fields-terminated-by "\t" \            导入的数据保存为逗号分
                                            隔的文本文件
8  --table test \                           即将导出的表
9  --where "id=1"                           导入数据的条件
```

图 5.8 从 MySQL 导入 HDFS

（2）数据从 MySQL 导入 Hive（需要先创建 Hive 表）。

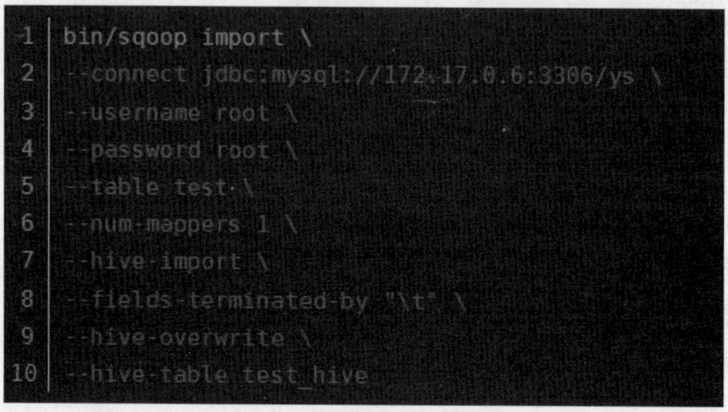

```
1  bin/sqoop import \
2  --connect jdbc:mysql://172.17.0.6:3306/ys \
3  --username root \
4  --password root \
5  --table test \
6  --num-mappers 1 \
7  --hive-import \
8  --fields-terminated-by "\t" \
9  --hive-overwrite \
10 --hive-table test_hive
```

图 5.9 从 MySQL 导入 Hive

（3）数据从 Hive 中导出 zip_profits 表到 MySQL 数据库中。

① 在 MySQL 中创建一个具有相同序列顺序及合适 SQL 表型的目标表，如下所示。

Create table sales_by_sip(volume decimal(8,2),zip integer);

② 运行导出命令，如下所示。

Sqoop export –connect jdbc:mysql://localhost/hadoopguide –m 1 –table sales_ by_zip –export-dir /user/hive/warehouse/zip_profits –input-fields-terminated-by "\0001"

③ 通过 MySQL 来确认导出成功，如下所示。

mysql hadoopguide –e 'select * from sales_by_zip'

注意：在 Hive 中创建 zip_profits 表时，没有指定任何分隔符。因此 Hive 使用了自己的默认分隔符；但是直接从文件中读取这张表时，需要将所使用的分隔符告知 Sqoop。Sqoop 默认记录是以换行符作为分隔符的，因此，可在 sqoop export 命令中使用--input-fields-terminated-by 参数来指定字段分隔符。

4）Sqoop 作业创建和维护

（1）创建作业，如下所示。

```
sqoop job --create 作业名
          -- import
          --connect jdbc:mysql://ip:3306/数据库
          --username 用户名 --table 表名
          --password 密码
          --m 1
          --target-dir 存放目录
```

（2）验证作业（显示已经保存的作业）。

```
sqoop job  --list
```

（3）显示作业详细信息。

```
sqoop  job --show 作业名称
```

（4）删除作业。

```
sqoop  job  --delete 作业名
```

（5）执行作业。

```
sqoop  job --exec 作业
```

5）eval 命令

eval 允许用户针对各自的数据库服务器执行用户定义的查询，并在控制台中预览结果，可以使用导入的结果数据。

（1）查询。

```
sqoop eval --connect jdbc:mysql://ip:3306/数据库
           --username 用户名
           --password 密码
           --query "select * from emp limit 1"
```

（2）插入。

```
sqoop eval  --connect jdbc:mysql://ip:3306/数据库
            --username 用户名
            --password 密码
            --query "insert into emp values(4,'ceshi','hebei')"
```

2．练习

1）单选题

（1）下列关于 Sqoop 导入数据参数错误的是（　　）。

    A．-username 连接数据库用户名

    B．--password 数据库密码

    C．--target-dir 表示导出到 HDFS 的目录

    D．--table 设置导出的数据库名

提示：参考图 5.8。

（2）Sqoop Import 执行过程一般要经过（　　）步。

    A．2　　　　　　B．3　　　　　　C．4　　　　　　D．5

提示：参考图 5.6。

2）填空题

（1）用于数据迁移的组件是（　　）。

（2）Sqoop 把任务转换为（　　）任务。

提示：参考图 5.5。

（3）Sqoop 基本原理是将导入或导出命令翻译成（　　）程序。

（4）Sqoop 去（　　）抽取元数据。

（5）当 Sqoop 拿到元数据之后将任务切成多个任务分给多个（　　）。

3）判断题

（1）Sqoop（SQL-to-Hadoop）是一种用于在 Hadoop 和结构化数据存储（如关系数据库）之间高效传输批量数据的工具。　　　　　　　　　　　　　　　　　　　（　　）

（2）Sqoop 也可以把任务转换为 Reducer 任务。　　　　　　　　　　　　　（　　）

4）多选题

（1）下列属于 Sqoop 命令的是（　　）。

    A．sqoop eval　　　　　　　　　　B．sqoop job

    C．sqoop export　　　　　　　　　D．sqoop import

（2）Sqoop 可以将 RDBMS 导入（　　）。

    A．HDFS　　　　B．Hive　　　　C．HBase　　　　D．Zookeeper

（3）（　　）属于 Sqoop 数据导入具有的特点。

    A．支持压缩（--Compress）

    B．支持数据追加，通过--append 指定

    C．支持 Map 数定制（-m）

    D．支持文本文件

5）简答题

（1）简述 Sqoop 架构。

（2）简述 Sqoop Import 的工作原理。

5.3　发布订阅消息组件 Kafka

Kafka 是一种高吞吐量的分布式发布订阅消息系统，它可以处理大规模网站中的所有动态流数据。具有高稳定性、高吞吐量、数据并行加载等特性。

1．基础知识

1）架构（见图 5.10）

（1）生产者（Producers）：向 Kafka 的一个 Topic（主题）发布消息的过程叫作 Producers。

（2）消费者（Consumers）：订阅 Topics 并处理其发布的消息的过程叫作 Consumers。

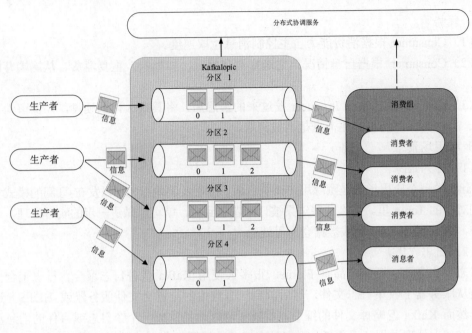

图 5.10　Kafka 架构

（3）代理（Broker）：缓存代理。

（4）主题（Topic）：特指 Kafka 处理的消息源的不同分类。

（5）分区（Partition）：Topic 物理上的分组，一个 Topic 可以分为多个 Partition，每个 Partition 是一个有序的队列。Partition 中的每条消息都会被分配一个有序的 ID（offset）。

（6）消息（Message）：是通信的基本单位，每个 Producer 可以向一个 Topic 发布一些消息。

2）特性

（1）同时为发布和订阅提供高吞吐量，每秒处理 55 万条消息（110 MB）。

（2）可进行持久化操作，用于 ETL，防止数据丢失。

（3）分布式系统，易于向外扩展。所有的 Producer、Broker、Consumer 都会有多个，均为分布式的。无须停机即可扩展机器。

（4）消息被处理的状态是在 Consumer 端维护，而不是由 Server 端维护。当失败时能自动平衡。

3）消费模式

（1）点对点。

消息生产者生产消息发送到 Queue 中，然后消息消费者从 Queue 中取出并且消费消息。

注意：消息被消费以后，Queue 中不再有存储，所以消息消费者不可能消费到已经被消费的消息。Queue 支持存在多个消费者，但是对一个消息而言，只会有一个消费者可以消费。

（2）发布/订阅。

消息生产者（发布）将消息发布到 Topic 中，同时有多个消息消费者（订阅）消费该消息。和点对点方式不同，发布到 Topic 的消息会被所有订阅者消费。

4）优势

（1）Consumer 根据消费能力自主控制消息拉取速度。

（2）Consumer 根据自身情况自主选择消费模式，如批量、重复消费、从尾端开始消费等。

（3）Kafka 集群接收到 Producer 发过来的消息后，将其持久化到硬盘，并保留消息指定时长（可配置），而不关注消息是否被消费。

5）应用场景

（1）行为跟踪。

Kafka 的一个应用场景是跟踪用户浏览页面、搜索及其他行为，以发布-订阅的模式实时记录到对应的 Topic 里。那么这些结果被订阅者拿到后，就可以做进一步的实时处理，或实时监控，或放到 Hadoop/离线数据仓库里处理。

（2）日志收集。

日志收集方面，开源产品有 Flume。很多人使用 Kafka 代替日志聚合。日志聚合一般来说是从服务器上收集日志文件，然后放到一个集中的位置（文件服务器或 HDFS）进行处理。然而 Kafka 忽略掉文件的细节，将其更清晰地抽象成一个个日志或事件的消息流。这就让 Kafka 处理过程延迟更低，更容易支持多数据源和分布式数据处理。与 Flume 相比，Kafka 提供更低的端到端延迟。

（3）流处理。

保存收集流数据，以提供之后对接的 Storm 或其他流式计算框架进行处理。很多用户会将那些从原始 Topic 来的数据进行阶段性处理、汇总、扩充或者以其他方式转换到新的 Topic 下再继续后面的处理。例如，一个文章推荐的处理流程，可能是先从 RSS 数据源中抓取文章的内容，然后将其丢入一个叫作"文章"的 Topic 中；后续操作可能是需要对这个内容进行清理，例如，回复正常数据或者删除重复数据，最后再将内容匹配的结果返还给用户。这就在一个独立的 Topic 之外，产生了一系列的实时数据处理的流程。

（4）持久性日志（commit log）。

Kafka 可以为一种外部的持久性日志的分布式系统提供服务。这种日志可以在节点间备份数据，并为故障节点数据回复提供一种重新同步的机制。

2. 练习

1）单选题

（1）下列关于 Kafka 的描述，错误的是（　　　）。

    A. Kafka 将消息以 Agent 为单位进行归纳

    B. 将向 Kafka Topic 发布消息的程序称为 Producers

    C. 将预定 Topics 并消费消息的程序称为 Consumer

    D. Kafka 以集群的方式运行，可以由一个或多个服务组成，每个服务叫作一个 Broker

（2）关于 Kafka 消息描述，错误的是（　　　）。

    A. Kafka 的信息复制确保了任何已发布的消息不会丢失，并且可以在机器错误、程序错误或软件升级中使用

B. Kafka 的信息无法实现复制，所以消息有丢失的可能性，这也是它的缺点之一

C. Kafka 将消息以 Topic 为单位进行归纳

D. Producers 通过网络将消息发送到 Kalka 集群，集群向消费者提供消息

（3）下列关于 Kafka 主要特征的描述，错误的是（　　　）。

A. Kafka 具有近乎实时性的消息处理能力；面对海量数据，能够高效地储存消息和查询消息

B. Kafka 将消息保存在磁盘中，以顺序读写的方式访问磁盘，从而避免了随机读写磁盘导致的性能瓶颈

C. Kafka 支持批量读写消息，并且对消息批量压缩，提高了网络利用率和压缩效率

D. Kafka 不支持消息分区

（4）在 Hadoop 生态系统中，Kafka 主要解决 Hadoop 中存在（　　　）的问题。

A. Hadoop 生态系统中各个组件和其他产品之间缺乏统一的、高效的数据交换中介

B. 不同的 MapReduce 任务之间存在重复操作，降低了效率

C. 延迟高，而且不适合执行迭代计算

D. 抽象层次低，需要手工编写大量代码

（5）向 Kafka 的一个 Topic 发布消息的过程叫作（　　　）。

A. Producer　　　　　　　　　B. Consumer

C. Broker　　　　　　　　　　D. Topic

2）填空题

（1）（　　　）是一种高吞吐量的分布式发布订阅消息系统。

（2）通信的基本单位是（　　　）。

（3）Topic 物理上的分组称为（　　　）。

（4）一个 Topic 可以分为（　　　）个 Partition。

（5）每个 Partition 是一个有序的（　　　）。

3）判断题

（1）消息被处理的状态是在 Server 端维护。　　　　　　　　　　　　　（　　　）

（2）无须停机即可扩展 Producer、Consumer、Broker。　　　　　　　　（　　　）

（3）在点对点模式下，消息被消费以后，Queue 中不再有存储。　　　　（　　　）

（4）在点对点模式下，消息消费者不可能消费到已经被消费的消息。　　（　　　）

（5）在点对点模式下，Queue 支持存在多个消费者，但是对一个消息而言，只会有一个消费者可以消费。　　　　　　　　　　　　　　　　　　　　　　　　　（　　　）

（6）Consumer 根据消费能力自主控制消息拉取速度。　　　　　　　　　（　　　）

（7）Consumer 根据自身情况自主选择消费模式。　　　　　　　　　　　（　　　）

（8）Kafka 集群接收到 Producer 发过来的消息后，将其持久化到硬盘。　（　　　）

（9）Kafka 集群不关注消息是否被消费。　　　　　　　　　　　　　　　（　　　）

（10）与 Flume 相比，Kafka 提供更低的端到端延迟。　　　　　　　　　（　　　）

4）多选题

（1）数据采集工具包括（   ）。

A．Flume   B．Kafka   C．HBase   D．Sqoop

（2）Kafka 具有（   ）等特性。

A．高稳定性   B．高吞吐量

C．数据并行加载   D．易于向外扩展

（3）以下（   ）概念与 Kafka 有关。

A．Producer   B．Consumer   C．Broker   D．Topic

（4）Kafka 应用场景包括（   ）。

A．日志收集   B．持久性日志

C．流处理   D．行为跟踪

（5）关于 Kafka 的描述，正确的是（   ）。

A．Kafka 集群需要一直维护任何 Consumer 和 Producer 状态信息

B．每个 Server（Kafka 实例）负责 Partitions 中消息的读写操作

C．Kafka 使用文件存储消息

D．Kafka 集群、Producer 和 Consumer 都依赖于 Zookeeper 来保证系统可用性

提示：Kafka 集群几乎不需要维护任何 Consumer 和 Producer 状态信息，这些信息由 Zookeeper 保存。因此 Producer 和 Consumer 的客户端实现非常轻量级，它们可以随意离开，而不会对集群造成额外的影响。

5）简答题

（1）简述点对点和发布/订阅的区别。

（2）简述 Kafka 架构。

第 6 章

数据处理组件运维

⚠ 6.1 NoSQL 数据库 HBase

6.1.1 NoSQL

1. 基础知识

1）NoSQL 概述

（1）NoSQL。

NoSQL 泛指非关系型的数据库，如图 6.1 所示。随着互联网 Web 2.0 的兴起，传统的关系型数据库在处理超大规模和高并发的纯动态网站时已经显得力不从心，而非关系型数据库则由于其本身的特点得到了非常迅速的发展。

 概念演练 **Not only SQL**

最初表示"反 SQL"运动用新型的
非关系型数据库取代关系型数据库

关系型数据库和非关系型数据库各有
优缺点彼此都无法互相取代

图 6.1 NoSQL 演变

对于 NoSQL 并没有一个明确的定义，但是它们都普遍存在下面一些共同特征。

① 不需要预定义模式：数据中的每条记录都可能有不同的属性和格式。

② 无共享架构：NoSQL 往往将数据划分后，存储在各个本地服务器上。因为从本地

磁盘读取数据的性能往往好于通过网络传输读取数据的性能，从而提高了系统的性能。

③ 弹性可扩展：可以在系统运行的时候，动态增加或者删除节点。不需要停机维护，数据可以自动迁移。

④ 分区：相对于将数据存放于同一个节点，NoSQL 数据库需要将数据进行分区，将记录分散在多个节点上，并且通常分区的同时还要做复制。这样既提高了并行性能，又能保证没有单点失效的问题。

⑤ 异步复制：和独立冗余磁盘阵列（redundant array of independent disks，RAID）存储系统不同的是，NoSQL 中的复制往往是基于日志的异步复制。这样，数据就可以尽快地写入一个节点，而不会被网络传输引起迟延。缺点是并不总是能保证一致性，这样的方式在出现故障时，可能会丢失少量的数据。

可以说，NoSQL 和 SQL 各有所长，成功的 NoSQL 必然特别适用于某些场合或者某些应用，在这些场合中会远远胜过关系型数据库。

（2）数据库全景，如图 6.2 所示。

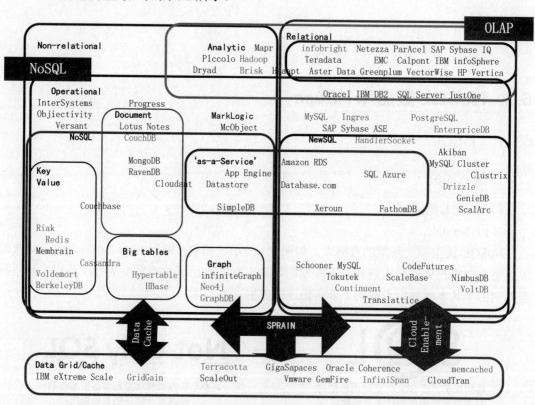

图 6.2　数据库全景①

（3）NoSQL 种类，如表 6.1 所示。

---

① 图片来源：https://ourlang.gitee.io/sql/introduction.html

表 6.1 NoSQL 种类

分 类	举 例	典型应用场景	数据模型	优 点	缺 点
键值数据库	Tokyo Cabinet/Tyrant Redis Voldemort, Oracle BDB	内存缓存，主要用于处理大量数据的高访问负载，也用于一些日志系统等	键-值对，通常用 hashtable 来实现	查找速度快	数据无结构化，通常只能当作字符串或者二进制数据
列存储数据库	Cassandra, Hbase,Riak	分布式的文件系统	以列簇式存储，将同一列簇存在一起	查找速度快，可扩展性强，更容易进行分布式扩展	功能相对局限
文档型数据库	CouchDB, MongoDB	Web 应用（与 key-value 类似，value 是结构化的，不同的是数据库能够了解 value 的内容）	key-value 对应键-值对，value 为结构化数据	数据结构要求不严格，表结构可变，不需要像关系型数据库一样需要预先定义表结构	查询性能不高，而且缺乏统一的查询语法
图形（graph）数据库	Neo4J,InfoGrid, Infinite Graph	社交网络、推荐系统等，专注于构建关系图谱	图结构	利用图结构相关算法，如最短路径寻址、N 度关系查找等	很多时候需要对整图做计算才能得出需要的信息，而且这种结构不好做分布式的集群方案

2）列式存储数据库 HBase

（1）HBase。

HBase 是一个高可靠、高性能、面向列、可伸缩的分布式数据库，是 Google BigTable 的开源实现，主要用来存储非结构化和半结构化的松散数据。HBase 的目标是处理非常庞大的表，可以通过水平扩展的方式，利用计算机集群处理由超过 10 亿行数据和数百万列元素组成的数据表。

（2）HBase 与传统关系数据库对比，如表 6.2 所示。

表 6.2 HBase 与传统关系数据库对比

	RDBNS	NBase
数据类型	丰富	字符串
数据操作	插入、查询、删除、插入、修改、连接	插入、查询、删除、清空、插入
数据存储	行式	列式
数据索引	唯一索引、主键索引和聚集索引	行键
数据维护	更新覆盖旧版本	更新保留旧版本
可伸缩性	很难实现横向扩展	灵活横向扩展

2. 练习

1）单选题

（1）HBase 来源于（　　　）。

    A．The Google File System   B．MapReduce

    C．BigTable   D．Chubby

（2）（　　　）不是 HBase 的特性。

    A．高可靠性   B．高性能   C．面向列   D．预先定义模式

（3）非关系型的分布式数据库组件是（　　　）。

    A．YARN   B．Zookeeper   C．HBase   D．Hive

（4）以下有关 NoSQL 的叙述，错误的是（　　　）。

    A．不需要事先定义数据模式，预定义表结构

    B．数据中的每条记录都可能有不同的属性和格式

    C．当插入数据时，并不需要预先定义它们的模式

    D．所有数据存储到网络中的服务器上

（5）（　　　）是键-值对数据库产品。

    A．Redis   B．Neo4j   C．HBase   D．MongoDb

（6）（　　　）是列式数据库产品。

    A．Redis   B．Neo4j   C．HBase   D．MongoDb

（7）（　　　）是图数据库产品。

    A．Redis   B．Neo4j   C．HBase   D．MongoDb

（8）（　　　）是文档数据库产品。

    A．Redis   B．Neo4j   C．HBase   D．MongoDb

2）填空题

（1）Google BigTable 的开源实现对应的 Hadoop 组件是（　　　）。

（2）NoSQL 泛指（　　　）关系型的数据库。

3）判断题

（1）NoSQL 将取代关系型数据库。   （　　　）

（2）NoSQL 往往将数据划分后存储在各个服务器上。   （　　　）

（3）传统的关系型数据库在处理超大规模和高并发的纯动态网站时已经显得力不从心。

                                                     （　　　）

（4）NoSQL 中的复制是基于 RAID 的异步复制。   （　　　）

（5）HBase 不存在表与表之间的关系。

4）多选题

（1）（　　　）选项正确描述了 HBase 的特性。

    A．高可靠性   B．高性能   C．面向列   D．可伸缩

（2）下面对 HBase 的描述，正确的是（　　　）。

    A．不是开源的   B．是面向列的

    C．是分布式的   D．是一种 NoSQL 数据库

（3）NoSQL 特点包括（　　）。

    A．弹性可扩展　　　　　　　　　　B．无须预定义模式

    C．无共享框架　　　　　　　　　　D．异步复制

（4）（　　）属于 NoSQL。

    A．键-值对数据库　　　　　　　　B．文档数据库

    C．图数据库　　　　　　　　　　　D．列式存储数据库

5）简答题

（1）简述 HBase 与传统关系数据库的对比。

（2）谈谈分区的好处。

6.1.2　HBase 架构与原理

1．基础知识

1）HBase 架构

HBase 架构如图 6.3 所示，首先 Zookeeper 维护了 Master 与各个 Region Server 之间的关系及状态。当一个 Client 需要访问 HBase 集群时，会先和 Zookeeper 进行通信，并得到 Master 和 Region 服务器的地址信息。

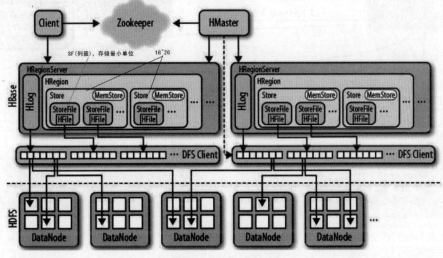

图 6.3　HBase 架构[①]

对于创建表/删除表/修改表来说，客户端会通过 Master 来进行操作，而正常的表数据读写，则是通过找到对应的 Region 服务器来操作。

（1）Zookeeper 的职责。

① 保证有且仅有一个 HMaster 是活跃的。

② 存储所有 Region 入口地址。

③ 实时监控 Region 服务器状态。

[①] 图片来源：https://www.pianshen.com/article/52271921103/

④ 存储 HBase 元信息（-ROOT-）。

（2）HMaste 的职责。

① 间接获取 Region 服务器信息。

② 分配 Region。

③ 负责 Region 服务器负载均衡。

④ 当 Region 服务器宕机，从 HDFS 恢复数据。

⑤ 垃圾文件回收（时间戳管理）。

⑥ 处理 Schema 更新请求。

⑦ 维护 Region 元数据信息。

（3）Region 服务器职责。

① 维护 Region（切分 Region）。

② 处理 I/O 请求。

2）工作原理

（1）写数据过程。

HBase 写数据过程如图 6.4 所示。

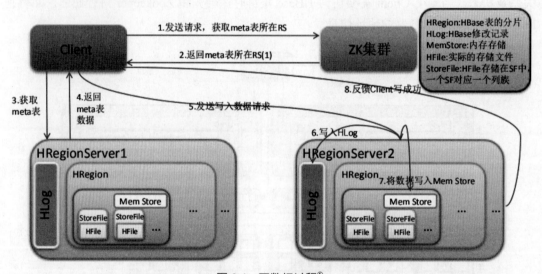

图 6.4 写数据过程①

① Client 访问 Zookeeper（ZK 集群），获取元数据存储所在的 Region 服务器。

② 通过刚刚获取的地址访问对应的 Region 服务器,拿到对应的表存储的 Region 服务器。

③ 去表所在的 Region 服务器进行数据的添加。

④ 查找对应的 region，在 region 中寻找列簇，先向 Mem Store 中写入数据。

（2）读数据过程（见图 6-5）。

① 连接 Zookeeper，找到 meta 表所在的 Region 服务器的地址。

② 访问对应的 Region 服务器，读 meta 表的信息。

---

① 图片来源：https://www.icode9.com/content-4-119820.html

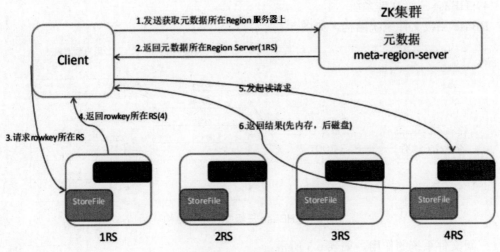

图 6.5　读数据过程[①]

③ 通过命令找到 rowkey 对应的 region，得到 region 的名称。

④ 访问 region 所在的 Region 服务器。

⑤ 访问对应 Mem Store 读内存 storefile。

在 HBase 中，所有的存储文件都被划分成若干个小存储块，这些小存储块在 get 或 scan 操作时会被加载到内存中，它们类似于 RDBMS 中的存储单元页。这个参数的默认大小是 64 KB。通过以上方式设置：void setBlocksize (int s);（HBase 中 Hfile 的默认大小就是 64 KB，这与 HDFS 的块是 64 MB 没有关系）。HBase 顺序地读取一个数据块到内存缓存中，这样其读取相邻的数据时就可以直接从内存中读取而不需要从磁盘中再次读取，有效地减少了磁盘 I/O 的次数。这个参数默认为 True，这意味着每次读取的块都会缓存到内存中。

3）数据模型

数据模型，如图 6.6 所示。

图 6.6　HBase 数据模型

---

① 图片来源：https://www.icode9.com/content-4-119820.html

4）HBase 三级文件系统

HBase 三级文件系统结构，如图 6.7 所示。

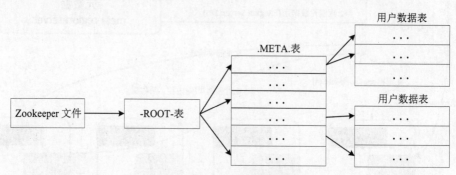

图 6.7   HBase 三级文件系统结构

三级文件系统的作用，如表 6.3 所示。

表 6.3   三级文件系统的作用

层 次	名 称	作 用
第一层	Zookeeper 文件	记录了-ROOT-表的位置信息
第二层	-ROOT-表	记录了.META.表的 Region 位置信息 -ROOT-表只能有一个 Region。通过-ROOT-表，可以访问.META.表中的数据
第三层	.META.表	记录了用户数据表的 Region 位置信息，.META.表可以有多个 Region，保存了 HBase 中所有用户数据表的 Region 位置信息

首先访问 Zookeeper，获取-ROOT-表的位置信息，然后访问-ROOT-表，获得.MATA.表的信息，接着访问.MATA.表，找到所需的 Region 具体位于哪个 Region 服务器，最后才会到该 Region 服务器读取数据。

2. 练习

1）单选题

（1）HBase 的 Region 组成中，必须要有（   ）。

　　A．StoreFile　　　B．Mem Store　　　　C．HFile　　　　D．MetaStore

提示：参考图 6.3。

（2）HBase 是分布式列式存储系统，记录按（   ）集中存放。

　　A．列簇　　　　　B．列　　　　　　　C．行　　　　　D．不确定

（3）HBase 依靠（   ）存储底层数据。

　　A．HDFS　　　　　B．Hadoop　　　　　C．Memory　　　D．MapReduce

（4）HBase 依赖（   ）提供消息通信机制。

　　A．Zookeeper　　　B．Chubby　　　　　C．RPC　　　　　D．Socket

提示：参考图 6.8。

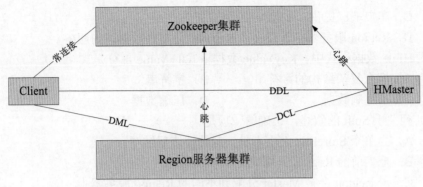

图 6.8　HBase 通信机制

（5）客户端首次查询 HBase 数据库时，首先需要从（　　）开始查找。

A．.META.表　　B．-ROOT-表　　C．用户表　　　　D．信息表

提示：参考图 6.7。

（6）HBase 为了确定单元格的值，需要（　　）个参数。

A．1　　　　　　B．2　　　　　　C．3　　　　　　D．4

（7）HBase 依靠（　　）存储底层数据。

A．HDFS　　　　B．Hadoop　　　C．Memory　　　D．MapReduce

（8）HBase 中的批量加载底层使用（　　）实现。

A．MapReduce　B．Hive　　　　C．Coprocessor　D．BloomFilter

（9）关于 MapReduce 与 HBase 的关系，（　　）描述是正确的。

A．两者不可或缺，MapReduce 是 HBase 可以正常运行的保证

B．两者是强关联关系，没有 MapReduce，HBase 不能正常运行

C．MapReduce 可以直接访问 HBase

D．它们之间没有任何关系

（10）HBase 中需要根据某些因素来确定一个单元格，这些因素可以视为一个"四维坐标"，下面（　　）不属于"四维坐标"。

A．关键字　　　B．行键　　　　C．列簇　　　　D．时间戳

（11）HBase 表中每个 cell 的多版本是通过（　　）表示的。

A．timestamp　B．rowkey　　　C．blockid　　　D．cellid

（12）下列不属于 Rowkey 设计原则的是（　　）。

A．Rowkey 长度原则　　　　　　B．Rowkey 不为空原则

C．Rowkey 散列原则　　　　　　D．Rowkey 唯一原则

（13）HBase 依靠（　　）存储底层数据。

A．HDFS　　　　B．Hadoop　　　C．Memory　　　D．MapReduce

（14）HBase 依赖（　　）提供强大的计算能力。

A．Zookeeper　B．Chubby　　　C．RPC　　　　　D．MapReduce

（15）下列关于 HBase 系统分层架构叙述，不正确的一项为（　　）。

A．HDFS 提供了 HBase 的顶层物理存储结构

B．Hadoop 平台提供了存储基础结构：Hadoop 集群及系统软件

      C. 客户端：提供了数据库访问接口

      D. Region 服务器：管理多个 Regions 并提供数据访问服务

（16）HFile 数据格式中，KeyValue 数据格式的 Value 部分是（　　　）。

      A. 拥有复杂结构的字符串　　　　　B. 字符串

      C. 二进制数据　　　　　　　　　　D. 压缩数据

（17）列关于 Split 的叙述，正确的一项是（　　　）。

      A. 当单个 StoreFile 大小小于一定的阈值后触发

      B. 把当前的 Region 分裂成两个子 Region

      C. 子 Region 会被 Master 分配到不同的 Region 服务器上

      D. 是 HBase 提供的超载机制

（18）Base 数据模型以（　　　）的形式存储数据。

      A. 表　　　　　B. 视图　　　　　C. 数组　　　　　D. 记录

（19）下列不属于 HBase 基本元素的一项是（　　　）。

      A. 表　　　　　B. 记录　　　　　C. 行键　　　　　D. 单元格

2）填空题

（1）HBase 包含（　　　）个 Master 主服务器。

（2）HBase 包含（　　　）个 Region 服务器。

（3）HBase 存储的最小单位是（　　　）。

3）判断题

（1）一个 HBase 表被划分成多个 Region。　　　　　　　　　　　　　　　（　　　）

（2）HBase 集群中 Zookeeper 存储 HBase 元信息。　　　　　　　　　　　（　　　）

（3）客户端直接获取 HMaster 信息。　　　　　　　　　　　　　　　　　（　　　）

4）多选题

（1）以下有关 Region 的叙述，正确的是（　　　）。

      A. 一个 HBase 表被划分成一个 Region

      B. 一个 Region 会分裂成多个新的 Region

      C. 每个 Region 的最佳大小取决于单台服务器的有效处理能力，目前建议每个 Region 最佳大小为 1～2 GB

      D. 不同的 Region 可以分布在不同的 Region 服务器上

（2）关于 HBase 三层结构中各层次的名称和作用的说法，正确的是（　　　）。

      A. Zookeeper 文件记录了用户数据表的 Region 位置信息

      B. -ROOT-表记录了.META.表的 Region 位置信息

      C. .META.表保存了 HBase 中所有用户数据表的 Region 位置信息

      D. Zookeeper 文件记录了-ROOT-表的位置信息

提示：参考图 6.7。

（3）下面关于主服务器 Master 主要负责表和 Region 的管理工作的描述，错误的是（　　　）。

      A. 实现相同 Region 服务器之间的负载均衡

      B. 在 Region 分裂或合并后，负责重新调整 Region 的分布

    C. 对发生故障失效的 Region 服务器上的 Region 进行迁移

    D. 管理用户对表的增加、删除、修改、查询等操作

（4）Region 服务器的职责是（　　　）。

    A. 维护 Region（切分 Region）   B. 维护 Region 元数据信息

    C. 分配 Region   D. 处理 I/O 请求

（5）HMaster 的职责是（　　　）。

    A. 间接获取 Region 服务器信息   B. 维护 Region 元数据信息

    C. 分配 Region   D. 负责 Region 服务器负载均衡

（6）关于 HBase 的描述，正确的是（　　　）。

    A. 数据保存在 MySQL 数据库中

    B. HBase 中数据只有简单的类型，所有类型都交由用户自己处理，它只保存对象

    C. 每一个列，都必须归属于一个 Column Family

    D. HBasse 是可以提供实时计算的分布式数据库

（7）HBase 架构中客户端（Client）的作用是（　　　）。

    A. 整个 HBase 集群的访问入口

    B. 使用 HMaster 进行通信管理类操作

    C. 与 HRegionServer 进行数据读写类操作

    D. 包含访问 HBase 的接口，并维护 Cache 来加快对 HBase 的访问

提示：

客户端有以下作用。

① 整个 HBase 集群的访问入口。

② 使用 HBase RPC 机制与 HMaster 和 HRegionServer 进行通信。

③ 使用 HMaster 进行通信管理类操作。

④ 与 HRegionServer 进行数据读写类操作。

包含访问 HBase 的接口，并维护 Cache 来加快对 HBase 的访问。

（8）关于 HBase 的描述，正确的是（　　　）。

    A. HBase 是一个分布式的基于列式存储的数据库，基于 HDFS 存储，是 Zookeeper
进行管理

    B. HBase 适合存储半结构化或非结构化数据，对于数据结构字段不够确定或者
杂乱无章很难按一个概念去抽取的数据

    C. HBase 基于表包含 Rowkey、时间戳和列簇，新写入数据时，时间戳更新，
同时可以查询到以前的版本

    D. HBase 是主从架构；HMaster 作为主节点，HregionServer 作为丛节点

（9）下列关于 HBase 数据模型叙述，正确的是（　　　）。

    A. 表由单元格组成

    B. 一个表可以包含若干个列簇

    C. 一个列簇内可用列限定符来标志不同的列

    D. 存于表中单元的数据尚需打上时间戳

（10）下列关于数据模型中行的叙述，正确的是（　　　）。

A．表按照行键"逐字节排序"顺序对行进行有序化的处理

B．表内数据非常"紧密"

C．不用行的列的数目完全可以大不相同

D．可以只对一行上"锁"

（11）Rowkey 设计的原则，下列（   ）选项的描述是正确的。

A．尽量保证越短越好   B．可以使用汉字

C．可以使用字符串   D．本身是无序的

5）简答题

（1）简述 HBase 系统基本架构以及每个组成部分的作用。

（2）简述 HBase 数据模型。

（3）简述在 HBase 的三层结构下，客户端是如何访问数据的。

6.1.3　HBase 部署与优化

1．基础知识

1）HBase 部署

（1）解压改名。

```
# tar -zxvf hbase-1.2.6-bin.tar.gz -C /opt
# mv /opt/hbase-1.2.6 /opt/hbase
```

（2）配置环境变量。

```
# vi /etc/profile
```

在文件的最底部加入下面内容。

```
export HBASE_HOME=/opt/hbase
export PATH=$PATH:$HBASE_HOME/bin
```

（3）配置 conf 下的 hbase-site.xml、regionservers 和 hbase-env.sh 3 个文件，如图 6.9 和图 6.10 所示。

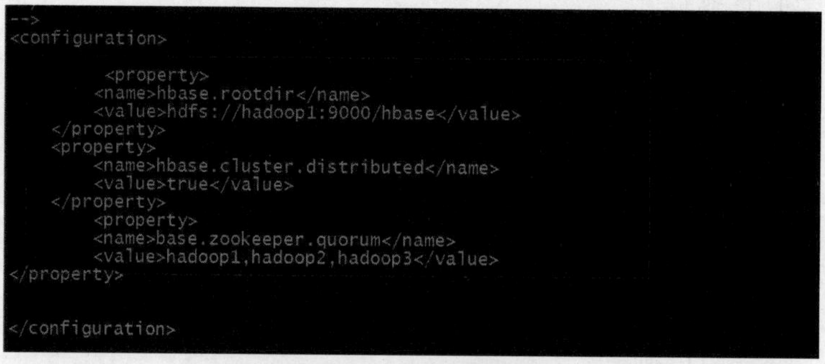

```
-->
<configuration>
        <property>
        <name>hbase.rootdir</name>
        <value>hdfs://hadoop1:9000/hbase</value>
    </property>
    <property>
        <name>hbase.cluster.distributed</name>
        <value>true</value>
    </property>
        <property>
        <name>base.zookeeper.quorum</name>
        <value>hadoop1,hadoop2,hadoop3</value>
</property>

</configuration>
```

图 6.9　配置 conf 下 hbase-site.xml

```
hadoop2
hadoop3
```

图 6.10　配置 conf 下 regionservers

① vi hbase-site.xml
② vi regionservers
③ vi hbase-env.sh

修改 export JAVA_HOME=/usr/lib/jdk1.8/。

修改 export HBASE_MANAGES_ZK=false（使用自己搭建的 Zookeeper 集群）。

（4）将在 hadoop1 上配置好的安装包分发到 hadoop2 和 hadoop3 上。

（5）启动 Hbase 集群。

HBASE_HOME/bin/start-hbase.sh

2）HBase shell 命令

HBase shell 命令，如表 6.4 所示。

表 6.4　HBase shell 常用命令

命　　令	描　　述
alter	修改列簇（column family）模式
count	统计表中行的数量
create	创建表
describe	显示表相关的详细信息
delete	删除指定对象的值（可以为表、行、列对应的值，另外也可以指定时间戳的值）
deleteall	删除指定行的所有元素值
disable	使表无效
drop	删除表
enable	使表有效
exists	测试表是否存在
exit	退出 HBase shell
get	获取行或单元（cell）的值
incr	增加指定表中行或列的值
list	列出 HBase 中存在的所有表
put	向指向的表单元添加值
tools	列出 HBase 所支持的工具
scan	通过对表的扫描来获取对应的值
status	返回 HBase 集群的状态信息
shutdown	关闭 HBase 集群（与 exit 不同）
truncate	重新创建指定表
version	返回 HBase 版本信息

3）监控

（1）HBase 集群监控指标。

采集的监控数据主要包括如下几个方面。

① 某台机器 OS 层面上的数据，如 CPU、内存、磁盘、网络、loaD.网络流量等。

② 某台 Region Server（或 Master）机器 JVM 的状态，例如，关于线程的信息、GC 的次数和时间、内存使用状况，以及 ERROR、WARN、Fatal 事件出现的次数。Region Server（或 Master）进程中的统计信息。

可以通过以下地址获取 HBase 提供的 jmx 信息的 Web 页面。

http://hadoop1:60010/jmx　//所有的 bean

JMX Web 页面的数据格式是 JSON 格式，信息很多。

（2）OS 监控数据。

HBase 中对于 OS 的监控数据，主要是 OperatingSystem 的对象来进行的，如图 6.11 所示的是提取出来的 JSON 信息。

```
{
    "name" : "java.lang:type=OperatingSystem",
    "modelerType" : "com.sun.management.UnixOperatingSystem",
    "MaxFileDescriptorCount" : 1000000,
    "OpenFileDescriptorCount" : 413,
    "CommittedVirtualMemorySize" : 1892225024,
    "FreePhysicalMemorySize" : 284946432,
    "FreeSwapSpaceSize" : 535703552,
    "ProcessCpuLoad" : 0.0016732901066722444,
    "ProcessCpuTime" : 59306210000000,
    "SystemCpuLoad" : 0.018197029910060655,
    "TotalPhysicalMemorySize" : 16660848640,
    "TotalSwapSpaceSize" : 536862720,
    "AvailableProcessors" : 8,
    "Arch" : "amd64",
    "SystemLoadAverage" : 0.0,
    "Name" : "Linux",
    "Version" : "2.6.32-431.11.7.el6.ucloud.x86_64",
    "ObjectName" : "java.lang:type=OperatingSystem"
}
```

图 6.11　OS 监控数据

其中比较重要的指标有 OpenFileDescriptorCount、FreePhysicalMemorySize、ProcessCpuLoad、SystemCpuLoad、AvailableProcessors、SystemLoadAverage。

（3）Region Servers 健康。

通过如下地址，得到 HBase Region Servers 健康值，如图 6.12 所示。

http://hadoop1:60010/jmx?qry=Hadoop:service=HBase,name=Master,sub=Server

```
{
    "name" : "Hadoop:service=HBase,name=Master,sub=Server",
    "modelerType" : "Master,sub=Server",
    "tag.liveRegionServers" : "xxx",
    "tag.deadRegionServers" : "",
    "tag.zookeeperQuorum" : "xxx",
    "tag.serverName" : "xxx2,60000,1495683310213",
    "tag.clusterId" : "e5e044a3-ef9f-48f7-ba63-637376f5fa90",
    "tag.isActiveMaster" : "true",
    "tag.Context" : "master",
    "tag.Hostname" : "xxx",
    "masterActiveTime" : 1495683312239,
    "masterStartTime" : 1495683310213,
    "averageLoad" : 143.66666666666666,
    "numRegionServers" : 3,
    "numDeadRegionServers" : 0,
    "clusterRequests" : 1297834323
}
```

图 6.12　HBase Region Servers 健康信息

更多信息参考：http://www.54tianzhisheng.cn/2017/10/21/HBase-metrics/。

4）优化

（1）选择关闭 AutoFlush。

默认情况下，AutoFlush 是开启的，每次进行 put 操作时，都会提交到 HBase Server，大数据量 Put 的时候会造成大量的网络 I/O，耗费性能在大数据量并发下，AutoFlush 设置为 False，并且将 WriteBufferSize 设置得大一些（默认是 2 MB）（WriteBufferSize 只有在 AutoFlush 为 False 情况下起作用），通过调用 HTable.setAutoFlushTo(false)方法可以将 HBaseClient 写客户端 AutoFlush 功能关闭，这样可以批量地将数据写入 HBase 中，而不是一条 Put 就执行一次更新。但是这样也有一个弊端，就是当出现故障时，缓冲区的数据还没有来得及落盘，因此会丢失。

（2）采用批量读写方式。

建议使用 List<Put>来写入 HBase 数据而不是 Put。HBase 通过 Put 操作来将 RowKey 信息写入数据，在并发度比较高的情况下，频繁地 Put 操作会造成网络 I/O 操作，HBase 提供了另一种 Put 操作，可以调用 HTable.put(List<Put>)批量地写入多条记录，这样就只有一次网络 I/O 操作。同样，HBase 也提供一种可以批量读的方式，通过 HTable.get(list)方式，可以根据给定的 RowKey 列表返回多个 RowKey 结果的集合，这样在通过 List 方式请求时，只会有一次网络 I/O，可以减少网络阻塞情况，提高网络传输性能。

（3）启用压缩。

HBase 创建表时要启用压缩，HBase 支持的几种压缩算法分别为 GZIP、LZO、snappy、Zippy。在创建表时应指定压缩算法。

```
create 'test', {NAME => 'info', VERSIONS => 1, COMPRESSION => 'snappy'}
```

（4）避免长时间的 GC 操作（GC 调优）。

在 HBase 服务中影响最大的垃圾回收事件是 Java 虚拟机要执行一次 full GC（一次彻底的垃圾回收）操作，这会导致 JVM 暂停服务；在这个时候，HBase 上面所有的读写操作将会被客户端归入队列中排队，一直等到 JVM 完成它的 GC 操作，才恢复服务。可能导致的问题：HBase 服务长时间暂停；HBase 服务超时，客户端操作超时，操作请求处理异常。

（5）HBase 负载均衡调优。

一般来讲，一个 HBase 集群由多个 Region Server 组成，这样可以提高 HBase 集群的并发读写，但是在某些情况下（具体场景具体分析），应用程序的读可能会落到一个 Region Server 上面去。这样的话，原本的并发优势就不存在了，反而会增加单个 Region Server 的压力。这是一个很严重的情况，极大概率会使这个 Region Server 失效，影响正常的读写请求，造成业务瘫痪，所以说负载不均衡是 HBase 中的大忌。

这里汇总了几种常见的负载均衡的调优方式。

① 观察，出现问题首先要先观察服务的监控和日志信息，观察每个 Region Server 的 qps，看看是否有读写不均衡的现象。

② RowKey 散列化处理，将 Region 分配到不同的 Region Server 中，可以极大地减少负载不均衡的情况。

③ 限流限资源，一旦发现有不均衡情况，可以选择针对用户进行限流或者限资源。

5) LSM (Log-Structured Merge-Tree) 树

随着 NoSQL 系统尤其是类 BigTable 系统的流行，LSM 的文件系统越来越被人们熟知。LSM 主要用于为那些长期具有很高记录更新（插入和删除）频率的文件提供低成本的索引机制。LSM 树实现了所有的索引值对于所有的查询来说都可以通过内存组件或某个磁盘组件进行访问。LSM 减少了磁盘磁壁的移动次数，降低了进行数据插入时磁盘磁壁的开销。LSM 在进行需要即时响应的操作时会损失 I/O 效率，最适用于索引插入比查询操作多的情况。

LSM-Tree 主题思想为划分成不同等级的数。可以想象一份索引由两棵树组成：一个存在于内存，一个存在于磁盘，如图 6.13 所示。

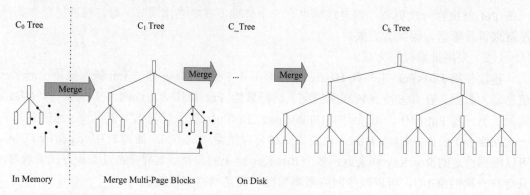

图 6.13　LSM 树

2．练习

1）单选题

（1）在 HBase 中，关于数据操作的描述，错误的是（　　）。

A．HBase 采用了更加简单的数据模型，它把数据存储为未经解释的字符串

B．HBase 操作不存在复杂的表与表之间的关系

C．HBase 操作只有简单地插入、查询、删除、清空等

D．HBase 在设计上避免了复杂的表和表之间的关系

（2）使用（　　）命令可以进入 HBase 的交互界面。

A．hbase start　　　　　　　　　　B．hbase-start all

C．habse shell　　　　　　　　　　D．start-hbase.sh

（3）关于 HBase 操作命令的描述，错误的是（　　）。

A．创建学生表：create 'student', 'info', 'adress', 'score'

B．删除表格之前先要 disabled 'student'然后再 drop 'student'

C．扫描整张表：scan'student'

D．获得某行某列簇数据：scan'student', 'xiaomingm', 'info'

（4）在 Hadoop 集群上安装 HBase 时，HBase 会自带一个 Zookeeper，如果要使用自己管理的 Zookeeper，需要在（　　）配置文件进行修改。

A．hbase-env.sh　　　　　　　　　B．hbase-site.xml

C．hbase-dir.sh　　　　　　　　　 D．hbase-rootdir.sh

（5）获取 HBase 提供的 jmx 信息的 Web 页面端口是（　　）。

　　A．50070　　　　B．8088　　　　C．9000　　　　D．60010

（6）退出 HBase shell 的命令是（　　）。

　　A．shell stop　　B．quit　　　　C．exit　　　　D．close

（7）LSM 的含义是（　　）。

　　A．日志结构合并树　　　　　　B．二叉树

　　C．平衡二叉树　　　　　　　　D．长平衡二叉树

（8）LSM 更能保证（　　）操作的性能。

　　A．读　　　　　B．写　　　　　C．随机读　　　D．合并

（9）LSM 结构的数据首先存储在（　　）。

　　A．硬盘上　　　B．内存中　　　C．磁盘阵列中　D．闪存中

2）填空题

（1）在 Hadoop 集群上安装完 HBase 后，在主节点上使用 jps 命令查看进程，会显示（　　）守护进程。

（2）当安装完 HBase 后，使用命令 HBase（　　）进入 HBase 的交互界面。

3）判断题

（1）建议使用 List<put>来写入 HBase 数据而不是 put。　　　　　　　　（　　）

（2）默认情况下，AutoFlush 是关闭的。　　　　　　　　　　　　　　（　　）

（3）应避免长时间的 GC 操作。　　　　　　　　　　　　　　　　　　（　　）

（4）负载不均衡是 HBase 中的大忌。　　　　　　　　　　　　　　　　（　　）

（5）LSM 的读操作和写操作是独立的。　　　　　　　　　　　　　　　（　　）

4）多选题

（1）HBase 性能优化包含（　　）选项。

　　A．读优化　　　B．写优化　　　C．配置优化　　D．JVM 优化

（2）RowKey 设计的原则，（　　）选项的描述是正确的。

　　A．尽量保证越短越好　　　　　B．可以使用汉字

　　C．可以使用字符串　　　　　　D．本身是无序的

（3）下面对 LSM 结构的描述，正确的是（　　）。

　　A．顺序存储　　　　　　　　　B．直接写硬盘

　　C．需要将数据 Flush 到磁盘　　D．是一种搜索平衡树

5）简答题

（1）HBase 集群监控指标有哪些？

（2）简述 HBase 安装过程。

（3）简述 HBase 负载均衡调优。

（4）简述在 Hadoop 体系架构中 HBase 与其他组成部分的相互关系。

6.2　数据仓库引擎 Hive

　　Hive 数据仓库组件有助于使用 SQL 读取和管理驻留在分布式存储中的大型数据集；提

供了命令行工具和 JDBC 驱动程序以将用户连接到 Hive（官方网站：http://hive.apache.org/）。

Hive 提供了 SQL 查询功能 HDFS 分布式存储。

Hive 的本质是 HQL 转换为 MapReduce 程序。

6.2.1 Hive 架构与原理

1. 基础知识

1）架构

Hive 如图 6.14 所示。

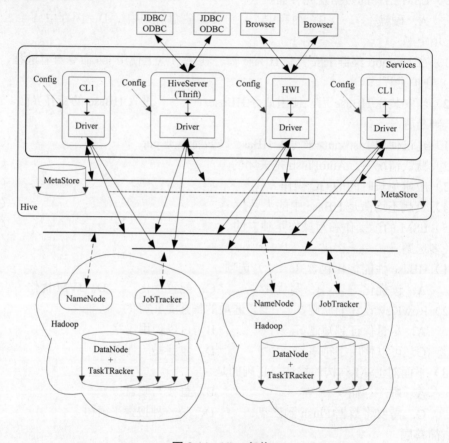

图 6.14 Hive 架构

（1）Hive 将元数据存储在数据库中，如 MySQL 或 Derby。Hive 中的元数据包括表的名字、表的列和分区及其属性、表的属性（是否为外部表等）、表的数据所在目录等。

（2）Driver 由 optimize、compiler、excuter 构成，完成 HQL 查询语句词法分析、语法分析、编译、优化以及查询计划的生成。

（3）Hive 的数据存储在 HDFS 中，大部分的查询、计算由 MapReduce 完成。

2）元数据存储模式

（1）Embedded Metastore Database（Derby）内嵌模式。此模式连接到一个 In-memory 的数据库 Derby，一般用于 Unit Test。安装所占空间小，数据保存在内存，但不稳定。

（2）Local Metastore Server 本地元存储。通过网络连接到一个 MySQL 数据库中，是经常使用的模式。MySQL 数据存储模式可以自己设置，持久化好，查看方便，支持多会话。

（3）Remote Metastore Server 远程元存储。用于非 Java 客户端访问元数据库，在服务器端启动 MetaStoreServer，客户端利用 Thrift 协议通过 MetaStoreServer 访问元数据库 MySQL。

3）数据模型

对于数据存储，Hive 没有专门的数据存储格式，用户可以非常自由地组织 Hive 中的表，只需要在创建表的时候告诉 Hive 数据中的列分隔符和行分隔符，Hive 就可以解析数据。Hive 中所有的数据都存储在 HDFS 中，存储结构主要包括数据库、文件、表和视图。Hive 包含以下数据模型。

（1）内部表和外部表的区别。

内部表数据由 Hive 自身管理，外部表数据由 HDFS 管理。

内部表数据存储的默认位置是/user/hive/warehouse，外部表数据的存储位置由自己制定。

删除内部表会直接删除元数据（metadata）及存储数据；删除外部表仅仅删除元数据，HDFS 上的文件并不会被删除。

对内部表的修改会将修改直接同步给元数据，而对外部表的表结构和分区进行修改，则需要修复 MSCK REPAIR TABLE table_name;。

（2）分区表和分桶表的区别。

① 分区表（partition）。

所谓分区表，指的是将数据按照表中的某一个字段进行统一归类，并存储到表中的不同位置。也就是说，一个分区就是一类，这一类的数据对应到 HDFS 存储上就是一个目录。当需要进行处理时，可以通过分区进行过滤，从而只取部分数据，而没必要取全部数据进行过滤，这样可以提升数据的处理效率。分区表是可以分层级创建的。在加载数据时可以指定加载某一部分数据，并不是全部的数据。

分区表又分为静态分区表和动态分区表两种。

② 分桶表（bucket）。

分桶表通常是在原始数据中加入一些额外的结构，这些结构可以用于高效的查询，例如基于 ID 的分桶可以使用户的查询非常快。

一般情况下，建分桶表的时候，都需要指定排序字段，这样做的一个好处就是在每个桶进行连接查询时，就变成了高效的归并排序。

③ 分桶和分区的区别。

分区体现在 HDFS 上的文件目录，而分桶则体现在 HDFS 是具体的文件。

4）HQL 的 3 个"不能"

Hive SQL 几乎是每一位互联网分析师的必备技能。但 HQL 作为数仓应用工具，对比 RDBMS（关系型数据库）有 3 个"不能"。

（1）不能像 RDBMS 一般实时响应，Hive 查询延时大。

（2）不能像 RDBMS 做事务型查询，Hive 没有事务机制。

（3）不能像 RDBMS 做行级别的变更操作（包括插入、更新、删除）。

5）Hive 工作原理

Hive 的入口是 Driver，执行的 SQL 语句首先提交到 Driver 驱动；然后调用 Compiler 解释驱动，最终解释成 MapReduce 任务执行，将结果返回，如图 6.15 所示。

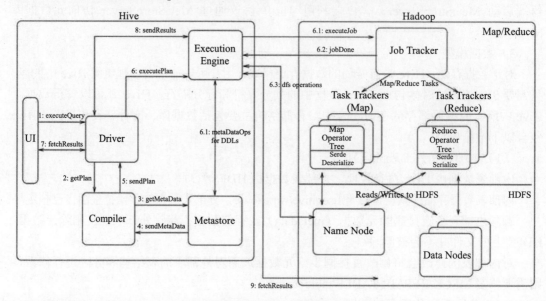

图 6.15　Hive 工作原理①

流程大致步骤如下。

（1）用户提交查询等任务给 Driver。

（2）编译器获得该用户的任务 Plan。

（3）编译器 Compiler 根据用户任务去 MetaStore 中获取需要的 Hive 的元数据信息。

（4）编译器 Compiler 得到元数据信息，对任务进行编译，先将 HiveQL 转换为抽象语法树；然后将抽象语法树转换成查询块，再将查询块转换为逻辑的查询计划；接着重写逻辑查询计划，将逻辑计划转换为物理的计划（MapReduce），最后选择最佳的策略。

（5）将最终的计划提交给 Driver。

（6）Driver 将计划 Plan 转交给 ExecutionEngine 去执行，获取元数据信息，提交给 JobTracker 或者 SourceManager 执行该任务，任务会直接读取 HDFS 中的文件进行相应的操作。

（7）获取执行的结果。

（8）取得并返回执行结果。

6）Hive 的特征

（1）可以通过 SQL 轻松访问数据的工具，从而实现数据仓库任务，如提取/转换/加载（ETL）、报告和数据分析。

（2）它可以使已经存储的数据结构化。

（3）可以直接访问存储在 Apache HDFS 或其他数据存储系统（如 Apache HBase）中

---

① 图片来源：http://itpcb.com/a/77237

的文件。

（4）Hive 除了支持 MapReduce 计算引擎，还支持 Spark 和 Tez 分布式计算引擎。

（5）Hive 提供类似 SQL 的查询语句 HiveQL 对数据进行分析处理。

（6）Hive 不适合用于联机（online）事务处理，也不提供实时查询功能。

（7）Hive 最适合应用在基于大量不可变数据的批处理作业。

（8）Hive 是可伸缩（在 Hadoop 的集群上动态地添加设备）、可扩展、容错、多种输入格式的松散耦合。

7）Hive 支持的数据类型

Hive 支持的数据类型，如图 6.16 所示。

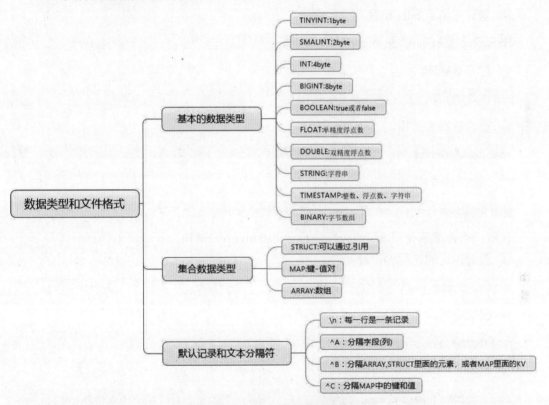

图 6.16　Hive 支持的数据类型

8）DDL 数据操作

（1）数据导入操作。

```
load data [local] inpath '/root/itstar.txt' into table itstar;
```

load data：加载数据。

local：可选操作，如果加上 local，那么导入的是本地 Linux 中的数据；如果去掉 local，那么导入的是 HDFS 中的数据。

inpath：表示加载数据的路径。

into table：表示要加载的对应的表。

（2）DDL 数据定义。

① 查看数据库。

```
show databases;
```

② 创建库。

```
create database hive_db;
```

③ 创建库标准写法。

```
create database if not exists hive_db;
```

④ 创建库指定 hdfs 路径。

```
create database hive_db location '/hive_db';
```

⑤ 打开数据库。

```
use hive_db;
```

⑥ 查看数据库结构。

```
desc database hive_db;
```

⑦ 添加额外的描述信息。

```
alter database hive_db set dbproperties('created'='hunter');
```

注意：查询需要使用 desc database extended hive_db;语句。

⑧ 查看指定的通配库：过滤。

```
show databases like 'i*';
```

⑨ 删除空库。

```
drop database hive_db;
```

⑩ 删除非空库。

```
drop database hive_db2 cascade;
```

⑪ 删除非空库标准写法。

```
drop database if exists hive_db cascade;
```

（3）创建表。

① 创建内部表。

```
create [external] table [if not exists] table_name(字段信息) [partitioned by(字段信息)]
[clustered by(字段信息)] [sorted by(字段信息)]row format delimited
fields terminated by '切割符';
```

② 创建外部表。

```
create external table if not exists emptable(empno int,ename string,job string,mgr int,birthdate
string,sal double,comm double,deptno int)
row format
delimited fields
location hdfs_path
terminated by '\t';
```

③ 分区表。

```
create table dept_partitions(depno int,dept string,loc string)
partitioned by(day string)
row format delimited fields
terminated by '\t';
location hdfs_path
```

（4）管理表。

默认情况下，不加 external 创建的表为管理表（MANAGED_TABLE），也称为内部表。

```
Table Type:MANAGED_TABLE
```

查看表类型：使用 desc formatted itstar;语句。

（5）修改表。

① 修改表名。

```
alter table emptable rename to new_table_name;
```

② 添加列。

```
alter table dept_partitions add columns(desc string);
```

③ 更新列。

```
alter table dept_partitions change column desc desccc int;
```

④ 替换。

```
alter table dept_partitions replace column(desccc int);
```

9）DML 数据操作

（1）添加数据。

① 向表中加载数据。

```
load data local inpath '/root/itstar.txt' into table hunter;
```

② 加载 hdfs 中数据。

```
load data inpath '/hunter,txt' into table hunter;
```

提示：相当于剪切。

③ 覆盖原有的数据。

```
load data local inpath '/root/itstar.txt' overwrite into table hunter;
```

④ 创建分区表。

```
create table hunter_partitions(id int,name string) partitioned by (month string) row format delimited
fields terminated by '\t';
```

⑤ 向分区表插入数据。

```
insert into table hunter_partitions partition(month='201811') values(1,'tongliya');
```

⑥ 按照条件查询结果存储到新表。

```
create table if not exists hunter_ppp as select * from hunter_partitions where name='tongliya';
```

⑦ 创建表时加载数据。

```
create table db_h(id int,name string)
row format
delimited fields
terminated by "\t"
location '';
```

⑧ 查询结果导出到本地。

```
insert overwrite local directory '/root/datas/yangmi.txt' select * from hh where name='yangmi';
bin/hive -e 'select * from hunter' > /root/hunter.txt
dfs -get /usr/hive/warehouse/00000 /root;
```

（2）查询。
① 全表查询。

```
select * from empt;
```

② 查询指定列。

```
select empt.empno,empt.empname from empt;
```

③ 列别名。

```
select ename name,empno from empt;
```

（3）函数。
① 求行数。

```
select count(*) from empt;
```

② 求最大值。

```
select max(empt.sal) sal_max from empt;
```

③ 求最小值。

```
select min(empt.sal) sal_min from empt;
```

④ 求总和。

```
select sum(empt.sal) sal_sum from empt;
```

⑤ 求平均值。

```
select avg(empt.sal) sal_avg from empt;
```

⑥ 前两条。

```
select * from empt limit 2;
```

（4）where 语句。

① 工资大于 1700 的员工信息。

```
select * from empt where empt.sal > 1700;
```

② 工资小于 1800 的员工信息。

```
select * from empt where empt.sal < 1800;
```

③ 查询工资在 1500 到 1800 区间的员工信息。

```
select * from empt where empt.sal between 1500 and 1800;
```

④ 查询有奖金的员工信息。

```
select *from empt where empt.comm is not null;
```

⑤ 查询无奖金的员工信息。

```
select * from empt where empt.comm is null;
```

⑥ 查询工资是 1700 和 1900 的员工信息。

```
select * from empt where empt.sal in(1700,1900);
```

（5）like。

使用 like 运算选择类似的值。

选择条件可以包含字母和数字。

① 查找员工薪水第二位为 6 的员工信息。

```
select * from empt where empt.sal like '_6%';
```

_代表一个字符。

%代表 0 个或多个字符。

② 查找员工薪水中包含 7 的员工信息。

```
select * from empt where empt.sal like '%7%';
```

（6）rlike。

```
select * from empt where empt.sal rlike '[7]';
```

（7）分组。

① group by 语句。

计算 empt 表每个部门的平均工资。

```
select avg(empt.sal) avg_sal,deptno from empt group by deptno;select avg(empt.sal) avg_sal,
deptno from empt group by deptno;
```

② 计算 empt 每个部门中的最高薪水。

```
select max(empt.sal) max_sal,deptno from empt group by deptno;
```

③ 求部门平均薪水大于 1700 的部门。

```
select deptno,avg(sal) avg_sal from empt group by deptno having avg_sal>1700;
```

注意：having 只用于 group by 分组统计语句。

（8）join 操作。

① 等值 join。

根据员工表和部门表中部门编号相等，查询员工编号、员工名、部门名称。

```
select e.empno,e.ename,d.dept from empt e join dept d on e.deptno=d.deptno;
```

② 左外连接 left join。

```
select e.empno,e.ename,d.dept from empt e left join dept d on e.deptno=d.deptno;
```

③ 右外连接 right join。

```
select e.empno,e.ename,d.dept from dept d right join empt e on e.deptno=d.deptno;
```

④ 多表连接查询。

查询员工名字、部门名称、员工地址。

```
select e.ename,d.dept,l.loc_name from empt e join dept d on e.deptno=d.deptno join location l on
d.loc = l.loc_no;
```

⑤ 笛卡儿积。

为了避免笛卡儿积采用设置为严格模式。

```
set hive.mapred.mode;
set hive.mapred.mode=strict;
```

（9）排序。

① 全局排序 order by。

查询员工信息按照工资升序排列。

select * from empt order by sal asc;默认。

select * from empt order by sal desc;降序。

② 查询员工号与员工薪水按照员工两倍工资排序。

```
select empt.empno,empt.sal*2 two2sal from empt order by two2sal;
```

③ 分区排序。

```
select * from empt distribute by deptno sort by empno desc;
```

（10）分桶。

分区表分的是数据的存储路径。

分桶针对数据文件。

① 创建分桶表。

```
create table emp_buck(id int,name string)
clustered by(id) into 4 buckets
row format
delimited fields
terminated by '\t';
```

② 设置属性。

```
set hive.enforce.bucketing=true;
```

③ 导入数据。

```
insert into table emp_buck select * from emp_b;
```

注意：分区分的是文件夹，分桶分的是文件。

2．练习

1）单选题

（1）（　　）不是 Hive 支持的数据类型。

　　A．Struct　　　B．Int　　　　C．Map　　　D．Long

提示：参考图 6.16。

（2）按粒度大小的顺序，Hive 数据被分为数据库、数据表、（　　）、桶。

　　A．元组　　　B．列簇　　　C．分区　　　D．行

（3）数据仓库组件是（　　）。

　　A．YARN　　　B．Zookeeper　　C．HBase　　D．Hive

（4）造成 Hive 数据倾斜的原因是（　　）。

　　A．key 分布不均　　　　　　B．业务数据本身的特性

　　C．SQL 语句造成数据倾斜　　D．以上全部

提示：

① key 分布不均匀。

② 业务数据本身的特性。

③ 建表时考虑不周。

④ 某些 SQL 语句本身就有数据倾斜。

（5）设计 Hive 的数据表时，为取样更高效，一般可以对表中的连续字段进行（　　）操作。

　　A．分表　　　B．分区　　　C．索引　　　D．分桶

（6）Hive 中的排序关键字是（　　）。

　　A．stor by　　　B．Order by　　C．Cluster by　　D．以上全部

提示：参见 https://blog.csdn.net/u010316188/article/details/79618824。

（7）Hive 的元数据可以存储在 Derby 和 MySQL 中，存储在 MySQL 中的好处是（　　）。

    A．不明显　　　　　　　　　　B．支持多会话

    C．支持网络环境　　　　　　　D．支持的数据库不同

（8）Hive 可以将结构化的数据文件映射成（　　），并提供完整的 SQL 查询功能。

    A．数据库表　　B．表单　　　　C．视图　　　　D．二维表

2）填空题

（1）Hive 提供了类似关系数据库 SQL 语言的查询语言（　　）。

（2）创建外部表使用（　　）关键字。

（3）创建普通表需要指定（　　）关键字。

（4）Hive 中所有的数据都存储在（　　）中。

（5）Hive 大部分的查询、计算由（　　）完成。

（6）Derby 数据在（　　）中。

（7）内部表数据由（　　）自身管理。

（8）外部表数据由（　　）管理。

（9）外部表数据的存储位置由（　　）制定。

（10）删除外部表仅仅会删除（　　），HDFS 上的文件并不会被删除。

（11）所谓的（　　）表，指的就是将数据按照表中的某一个字段进行统一归类，并存储在表中的不同位置。

（12）一个分区表的数据对应到 HDFS 存储上就是一个（　　）。

（13）分区表又分为静态分区表和（　　）分区表两种。

（14）分区体现在 HDFS 上的文件目录，而分桶体现在 HDFS 是具体的（　　）。

3）判断题

（1）Hive 的本质是 HQL 转换为 MapReduce 程序。（　　）

（2）Hive 元数据智能存储在 MySQL 中。（　　）

（3）创建外部表必须要指定 location 信息。（　　）

（4）加载数据到 Hive 时，源数据必须是 HDFS 的一个路径。（　　）

（5）可以在创建表时指定分区，也可在创建表后通过 Alter 命令添加分区。（　　）

（6）对于数据存储，Hive 有专门的数据存储格式。（　　）

（7）对于数据存储，Hive 为数据建立专门的索引。（　　）

（8）非 Java 客户端访问元数据库，在服务器端启动 MetaStoreServer。（　　）

（9）非 Java 客户端利用 Thrift 协议通过 MetaStoreServer 访问元数据库 MySQL。（　　）

（10）内部表数据存储的默认位置是/user/hive/warehouse。（　　）

（11）删除内部表会直接删除元数据（metadata）及存储数据。（　　）

（12）分区表通常是在原始数据中加入一些额外的结构，这些结构可以用于高效的查询。（　　）

4）多选题

（1）下列描述正确的是（　　）。

    A．支持自定义函数，用户可以根据自己的需求来实现自己的函数

  B. Hive 的查询延迟很严重，所以不能用在交互查询系统中

  C. Hive 支持事务

  D. 良好的容错性，可以保障即使有节点出现问题，SQL 语句仍可完成

（2）下列关于 Hive 数据组织描述正确的是（   ）。

  A. 创建表的时候不需要告诉 Hive 数据中的列分隔符和行分隔符，Hive 可以自
动解析数据

  B. Hive 中所有的数据都存储在 HDFS 中，没有专门的数据存储格式

  C. Hive 的元数据存储在 RDBMS 中，除元数据外的其他所有数据都基于 HDFS
存储

  D. 用户接口 CLI,shell 终端命令行（command line interface），采用交互形式使用
Hive 命令行与 Hive 进行交互

（3）下面关于使用 Hive 的描述，正确的是（   ）。

  A. Hive 中的 join 查询只支持等值连接，不支持非等值连接

  B. Hive 的表一共有两种类型，即内部表和外部表

  C. Hive 默认仓库路径为/user/hive/warehouse/

  D. Hive 支持数据删除和修改

（4）Driver 由（   ）构成。

  A. optimize   B. compiler   C. excuter   D. HQL

（5）Hive 将元数据存储在（   ）。

  A. MySQL   B. HDFS   C. HBase   D. Derby

（6）关于 HQL 叙述，正确的是（   ）。

  A. 不能像 RDBMS 一般实时响应，Hive 查询延时大

  B. 不能像 RDBMS 做事务型查询，Hive 没有事务机制

  C. 不能像 RDBMS 做行级别的变更操作（包括插入、更新、删除）

  D. 不能像 RDBMS 支持 join 操作

（7）Hive 的特点包括（   ）。

  A. 可伸缩（在 Hadoop 集群上动态地添加设备）

  B. 可扩展

  C. 容错

  D. 输出格式的松散耦合

（8）Hive 连接数据库的模式包括（   ）。

  A. 简单用户模式   B. 内嵌模式

  C. 本地模式   D. 远程服务模式

提示：

① Hive 元数据存储的 3 种方式：内嵌 Derby 方式（默认，单用户）；Local 方式；Remote
方式。

② Hive 的 3 种连接方式：CLI 连接（命令行）；HiveServer2/beeline（集群，多用户）；
Web UI（远程，跨平台）。

（9）下列关于 Hive 的描述，正确的是（   ）。

A．Hive 依赖于 HDFS 存储数据，Hive 将 HQL 转换成 MapReduce 执行

B．Hive 是基于 Hadoop 的一个数据仓库

C．Hive 只适合用来做海量离线数据统计分析

D．Hive 提供了 SQL 简称 HQL 的语句来进行操作，数据存储在 MySQL 中

（10）关于 Hive 分桶描述，正确的是（　　）。

A．分桶针对的数据文件

B．分桶是相对分区进行更细粒度的划分

C．分桶会基于指定的列进行 Hash 运算，根据 Hash 运算的结果来自动进行分桶

D．分桶针对的是数据文件夹

提示：分区针对的是数据的存储路径；分桶针对的是数据文件。

（11）关于 Hive 描述，正确的是（　　）。

A．Hive 中没有定义专门的数据格式，数据格式可以由用户指定

B．删除内部表时，删除表元数据和数据

C．Hive 的存储结构中，数据库、表、分区都对应 HDFS 上的一个目录

D．Hive 和 MySQL 之间通过 MetaStore 服务交互

（12）关于 Hive 分区描述，正确的是（　　）。

A．一个表可以拥有一个或者多个分区

B．每个分区以文件夹的形式单独存在表文件夹的目录下

C．表和列名区分大小写

D．分区以字段的形式存在于表结构中，但是该字段不存放实际的数据内容

（13）关于 Hive 数据模型描述，正确的是（　　）。

A．内部表将数据保存到 Hive 自己的数据仓库目中：/usr/hive/warehouse

B．外部表相对于内部表，数据不在自己的数据仓库中，只保存数据的元信息

C．分区表（partition table）将数据按照设定的条件分开存储，以提高查询效率

D．桶表（bucket table）本质上也是一种分区表，类似 Hash 分区桶

5）简答题

（1）简述 Hive 架构。

（2）简述元数据存储模式。

（3）简述内部表和外部表的不同。

（4）简述分区表的作用。

（5）简述桶表的作用。

6.2.2 Hive 部署与优化

1．基础知识

1）监控

参考 7.2 节：Hive SQL 监控系统——Hive Falcon。

2）优化

（1）慎用 api。

众所周知大数据场景下不害怕数据量大，害怕的是数据倾斜。怎样避免数据倾斜？找到可能产生数据倾斜的函数尤为关键。数据量较大的情况下，慎用 count(distinct)，因为 count(distinct)容易产生倾斜问题。

（2）设置合理的 Map Reduce 的 task 数量。

mapred.max.split.size：指的是数据的最大分割单元的大小；max 的默认值是 256 MB。调整 max 可以调整 Map 数。减小 max 可以增加 Map 数，增大 max 可以减少 Map 数。当 input 的文件都很大、任务逻辑复杂、Map 执行非常慢的时候，可以考虑增加 Map 数，以使每个 Map 处理的数据量减少，从而提高任务的执行效率。

（3）Reduce 的个数对整个作业的运行性能有很大影响。

如果 Reduce 设置得过大，将会产生很多小文件，对 NameNode 会产生一定的影响，而且整个作业的运行时间未必会减少；如果 Reduce 设置得过小，那么单个 Reduce 处理的数据将会加大，很可能会引起 OOM 异常。

如果设置了 mapred.reduce.tasks/mapreduce.job.reduces 参数，那么 Hive 会直接使用它的值作为 Reduce 的个数；如果 mapred.reduce.tasks/mapreduce.job.reduces 的值没有设置（也就是-1），那么 Hive 会根据输入文件的大小估算出 Reduce 的个数。根据输入文件估算 Reduce 的个数可能未必很准确，因为 Reduce 的输入是 Map 的输出，而 Map 的输出可能会比输入要小，所以最准确的数根据 Map 的输出估算 Reduce 的个数。

（4）小文件合并优化。

众所周知，文件数目小容易在文件存储端造成瓶颈，给 HDFS 带来压力，影响处理效率。对此，可以通过合并 Map 和 Reduce 的结果文件来消除这样的影响。

用于设置合并的参数如下。

是否合并 Map 输出文件：hive.merge.mapfiles=true（默认值为 True）。

是否合并 Reduce 端输出文件：hive.merge.mapredfiles=false（默认值为 False）。

合并文件的大小：hive.merge.size.per.task=256*1000*1000（默认值为 256000000）。

（5）引擎的选择。

Hive 可以使用 Apache Tez 执行引擎而不是古老的 Map-Reduce 引擎。在环境中没有默认打开，在 Hive 查询开头将以下内容设置为 True 来使用 tez：

```
hive.execution.engine = tez;
```

通过上述设置，程序执行的每个 Hive 查询都将利用 Tez。目前 Hive On Spark 还处于试验阶段，慎用。

（6）使用向量化查询。

向量化查询的执行通过一次性批量执行 1024 行而不是每次单行执行，从而提供扫描、聚合、筛选器和连接等操作的性能。在 Hive 0.13 中引入，此功能显著提高了查询执行时间，并可通过两个参数设置轻松启用。

```
hive.vectorized.execution.enabled = true;
hive.vectorized.execution.reduce.enabled = true;
```

（7）设置 cost based query optimization。

Hive 自 0.14.0 开始，加入了一项 Cost based Optimizer 来对 HQL 执行计划进行优化，这个功能通过 hive.cbo.enable 来开启。在 Hive 1.1.0 之后，这个 feature 是默认开启的，它可以自动优化 HQL 中多个 JOIN 的顺序，并选择合适的 JOIN 算法。

Hive 在提供最终执行前，优化每个查询的执行逻辑和物理执行计划。这些优化工作是交给底层来完成的。根据查询成本执行进一步的优化，从而产生潜在的不同决策：如何排序连接、执行哪种类型的连接、并行度等。要使用基于成本的优化（也称为 CBO），请在查询开始设置以下参数。

```
hive.cbo.enable = true;
hive.compute.query.using.stats = true;
hive.stats.fetch.column.stats = true;
hive.stats.fetch.partition.stats = true;
```

（8）模式选择。

① 本地模式。

对于大多数情况，Hive 可以通过本地模式在单台机器上处理所有任务。对于小数据，执行时间可以明显被缩短。通过 set hive.exec.mode.local.auto = true（默认为 False）设置为本地模式，本地模式涉及 3 个参数，如表 6.5 所示。

表 6.5　本地模式涉及的 3 个参数

参　数　名	默　认　值	备　注
Hive.exec.mode.local.auto	False	让 Hive 决定是否在本地模式自动运行
Hive.exec.mode.local.auto.input.files.max	4	不启用本地模式的 task 最大个数
Hive.exec.mode.local.auto.inputbytes.max	128 MB	不启动本地模式的最大输入文件大小

② 并行模式。

Hive 会将一个查询转化成一个或多个阶段。这样的阶段可以是 MapReduce 阶段、抽样阶段、合并阶段、limit 阶段。默认情况下，Hive 一次只会执行一个阶段，由于 Job 包含多个阶段，而这些阶段并非完全相互依赖，即这些阶段可以并行执行，因此可以缩短整个 Job 的执行时间。设置参数 set hive.exec.parallel=true，或者通过配置文件来完成：

```
hive> set hive.exec.parallel;
```

③ 严格模式。

Hive 提供一个严格模式，可以防止用户执行那些可能产生意想不到影响的查询，通过设置 Hive.mapred.modestrict 来完成。

（9）JVM 重用。

Hadoop 通常使用派生 JVM 来执行 Map 和 Reduce 任务。这时 JVM 的启动过程可能会产生相当大的开销，尤其是在执行的 Job 包含成百上千个 task 的情况下。JVM 重用可以使 JVM 示例在同一个 Job 中时，通过参数 mapred.job.reuse.jvm.num.tasks 来设置。

（10）推测执行。

推测执行的功能是发现拖后腿的任务，例如某个任务运行速度远慢于任务平均速度。为拖后腿任务启动一个备份任务，同时运行。谁先运行完，则采用谁的结果。Hadoop 的推测执行功能由两个配置控制，通过 mapred-site.xml 进行配置。

```
mapred.map.tasks.speculative.execution=true
mapred.reduce.tasks.speculative.execution=true
```

更多内容可以参考 https://www.cnblogs.com/swordfall/p/11037539.html。

2．练习

1）单选题

（1）安装完 Hive 后，想要修改元数据的存储位置，需要在 Hive 的配置文件下修改
（　　）文件。

    A．hive-core.xml　　　　　　　B．hive-site.xml

    C．hive-data.xml　　　　　　　D．hive-env.sh

（2）HQL 语句是以（　　）作为结束标识符的。

    A．.　　　　　B．,　　　　　C．;　　　　　D．!

（3）下列关于 Hive 创建内部表的语句，正确的是（　　）。

    A．create table t_course(id int.course string)row format delimited fields terminated by","

    B．create table t_course(id int,course varchar)row format delimited fields terminated by","

    C．create table t_course(id int.course varchar)row format fields terminated by","

    D．create table t_course(id int.course string)row delimited fields terminated by","

2）填空题

（1）搭建完 Hive 后，使用命令 show（　　）;查看 Hive 中有哪些库。

（2）使用 Hive 时，想要创建一个名字为 hongya 的数据库可以使用命令 create（　　）hongya。

（3）使用 Hive 时，想要查看 salary 这个表的前 100 行数据，可以使用命令 select * from salary（　　）100。

6.3　内存计算引擎 Spark

Spark 是基于内存计算的框架，灵魂是 RDD（resilient distributed dataset），执行引擎是 DAG（directed acyclic graph），编程语言为 Scala。

6.3.1　Spark 生态

1．基础知识

1）Spark 生态

Spark 生态如图 6.17 所示，包含了 Spark Core、Spark SQL、Spark Streaming、MLLib 和 GraphX 等组件，这些组件分别处理 Spark Core 提供的内存计算框架、SparkStreaming 的实时处理应用、Spark SQL 的即席查询、MLlib 或 MLbase 的机器学习和 GraphX 的图处理，它们都是由 AMP 实验室提供的，能够无缝地集成并提供一站式解决平台。

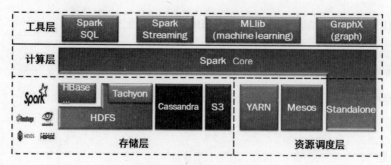

图 6.17　Spark 生态[①]

2）Spark 版本

（1）Spark 0.x 主要对标 MapReduce，用内存计算的能力替换 MapReduce 依赖磁盘，最主要的概念就是 RDD。

（2）Spark 1.x 主要解决易用性问题，用 SparkSQL 统一了编程语言，替代了 Hive SQL 等，另外提供了一系列高级接口，如 Spark R 等，极大地降低了编程难度，并推出 Tungsten 项目，通过编译优化的方法提高性能。

（3）Spark 2.0 主要对标 flink，统一了批处理和流处理接口，批处理和流处理融合处理，推出结构化流处理接口 struct streaming。

（4）Spark 2.4 开始提供图像分类的能力，详见 https://blogs.technet.microsoft.com/machinelearning/2018/03/05/image-data-support-in-apache-spark/。

3）Spark 特点

（1）运行速度快。

Spark 拥有 DAG 执行引擎，支持在内存中对数据进行迭代计算。官方提供的数据表明，如果数据由磁盘读取，速度是 Hadoop MapReduce 的 10 倍以上；如果数据从内存中读取，速度可以是 Hadoop MapReduce 的 100 多倍，如图 6.18 所示。

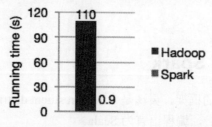

图 6.18　Spark 和 MapReduce 处理速度对比

（2）易用性好。

Spark 不仅支持 Scala 语言，而且支持 Java、R 和 Python 等语言。

（3）通用性强。

从图 6.17 可以看出，Spark 能够无缝地集成并提供一站式解决多模式计算平台。

（4）支持多种数据源。

Spark 具有很强的适应性，能够读取 HDFS、Cassandra、HBase、S3 和 Techyon 为持久

① 图片来源: https://blog.csdn.net/u014149997/article/details/92565461

层读写原生数据，能够以 Mesos、YARN 和自身携带的 Standalone 作为资源管理器调度 Job，从而完成 Spark 应用程序的计算。

4）Scala

（1）Scala 概述。

之前的编程语言可以毫无疑义地被归类为命令式、函数式或者面向对象式。Scala 代表了一个新的语言品种，它抹平了这些人为划分的界限。

根据 David Rupp 在博客中的说法，Scala 可能成为下一代 Java。

Scala 中的每个值都是一个对象，包括基本数据类型。

想深入了解 Scale 的读者可以访问 https://blog.csdn.net/hjy1821/article/details/83751384。

（2）Scala 特征。

① Java 和 Scala 可以无缝混编，互操作，并且都是运行在 JVM 上的。

② 类型推测（自动推测类型），不用指定类型。用 var 声明变量，可修改；用 val 声明常量，不可修改即不可对常量进行再赋值；不用指定数据类型，由 Scala 自己进行类型推测。

③ 并发和分布式（Actor，类似 Java 多线程 Thread）。

④ 特质 trait（类似 Java 中 interfaces 和 abstract 结合）。

⑤ 模式匹配（类似 Java switch case）。

⑥ 高阶函数（函数的参数是函数，函数的返回是函数）。

2. 练习

1）单选题

（1）Spark 数据处理模式属于（　　）。

　　A. 批量计算　　　　　　　　B. 离线计算

　　C. 交互计算　　　　　　　　D. 内存计算

（2）Spark 生态圈中的 MLLib 功能是（　　）。

　　A. 批量计算　　　　　　　　B. 机器学习

　　C. 流式计算　　　　　　　　D. 图计算

（3）Spark 1.x 版本主要解决（　　）。

　　A. 用内存计算替换 MapReduce 依赖磁盘

　　B. 易用性问题

　　C. 统一了批处理和流处理接口

　　D. 图像分类

（4）Spark 是用（　　）编程语言实现的。

　　A. C　　　　　　B. C++　　　　　　C. Java　　　　　　D. Scala

（5）（　　）属于 Spark 生态计算层。

　　A. Spark SQL　　　　　　　B. Spark Core

　　C. Spark MLlib　　　　　　D. Spark Streaming

（6）Spark 生态系统组件 Spark Streaming 的应用场景是（　　）。

　　A. 基于历史数据的数据挖掘　　B. 图结构数据的处理

　　C. 基于历史数据的交互式查询　　D. 基于实时数据流的数据处理

（7）Spark 生态系统组件 MLlib 的应用场景是（　　）。

A．图结构数据的处理　　　　　　　　B．基于历史数据的交互式查询

C．复杂的批量数据处理　　　　　　　D．基于历史数据的数据挖掘

2）填空题

（1）Spark 使用的语言是（　　）。

（2）Spark 的灵魂是（　　）。

（3）Spark 的执行引擎是（　　）。

（4）Scala 语言用（　　）声明变量，可修改。

（5）Scala 语言用（　　）声明常量。

3）判断题

（1）Java 和 Scala 可以无缝混编，互操作，都是运行在 JVM 上的。　　　　（　　）

（2）函数的参数是函数，函数的返回是函数。　　　　　　　　　　　　　　（　　）

4）多选题

（1）Spark 生态圈包含（　　）。

A．Spark Core　　　B．Streaming　　　C．MLLib　　　　　D．GraphX

（2）下列关于 Spark 的描述，正确的是（　　）。

A．Spark 最初由美国加州伯克利大学 AMP 实验室于 2009 年开发

B．Spark 在 2014 年打破了 Hadoop 保持的基准排序纪录

C．Spark 用十分之一的计算资源，获得了比 Hadoop 快 3 倍的速度

D．Spark 运行模式单一

（3）下列关于 Spark 的描述，正确的是（　　）。

A．使用 DAG 执行引擎以支持循环数据流与内存计算

B．可运行于独立的集群模式中，也可运行于 Hadoop 中

C．支持使用 Scala、Java、Python 和 R 语言进行编程

D．Spark 具有很强的适应性，能够读取 HDFS、Cassandra、HBase、S3 和 Techyon

（4）Spark 生态包括（　　）。

A．MLlib　　　B．Spark SQL　　　C．Spark Streaming　　D．GraphX

（5）下列关于 Scala 特性的描述，正确的是（　　）。

A．Scala 语法复杂，但是能提供优雅的 API 计算

B．Scala 具备强大的并发性，支持函数式编程，可以更好地支持分布式系统

C．Scala 兼容 Java，运行速度快，且能融合到 Hadoop 生态圈中

D．Scala 是 Spark 的主要编程语言

（6）下列说法正确的是（　　）。

A．相对于 Spark 来说，使用 Hadoop 进行迭代计算非常耗资源

B．Spark 将数据载入内存后，迭代计算可以直接使用内存中的中间结果进行运算，避免了从磁盘中频繁地读取数据

C．Hadoop 的设计遵循"一个软件栈满足不同应用场景"的理念

D．Spark 可以部署在资源管理器 YARN 之上，提供一站式的大数据解决方案

（7）下列（　　）属于 Spark 架构的优点。

　　A. 实现一键式安装和配置、线程级别的任务监控和告警

　　B. 降低硬件集群、软件维护、任务监控和应用开发的难度

　　C. 便于做成统一的硬件、计算平台资源池

　　D. 支持多种数据源

（8）在 Spark 生态系统组件的应用场景中，下列说法正确的是（　　）。

　　A. Spark 应用在于复杂的批量数据处理

　　B. Spark SQL 是基于历史数据的交互式查询

　　C. Spark Streaming 是基于历史数据的数据挖掘

　　D. GraphX 是图结构数据计算引擎

（9）关于 Spark 功能描述，正确的是（　　）。

　　A. 基于 Spark，Spark SQL 可以实现即时查询

　　B. GraphX 可以实现图计算，SparkR 可以实现复杂数学计算

　　C. Spark Streaming 可以处理实时应用

　　D. MLib 可以实现机器学习算法

（10）关于 Spark Streaming 的描述，正确的是（　　）。

　　A. 将流式计算分解成一系列短小的批处理作业

　　B. Spark Streaming 不支持从 Twitter 获取数据

　　C. 可以实现亚秒级时延的处理

　　D. RDD 中任意的 Partition 出错，都可以并行地在其他机器上将缺失的 Partition
　　　 计算出来

5）简答题

（1）简述 Spark 生态。

（2）简述 Spark 特点。

（3）简述 Scala 语言特点。

6.3.2　Spark 架构与原理

1. 基础知识

1）Spark 架构

Spark 架构如图 6.19 所示，Spark 采用了分布式计算中的 Master-Slave 模型。Master 作为整个集群的控制器，负责整个集群的正常运行；Worker 是计算节点，接受主节点命令以及进行状态汇报；Executor 负责任务（Task）的调度和执行；Client 作为用户的客户端负责提交应用；Driver 负责控制一个应用的执行。

Spark 集群启动时，需要从主 8282 点和从节点分别启动 Master 进程和 Worker 进程，对整个集群进行控制。在一个 Spark 应用的执行过程中，Driver 是应用的逻辑执行起点，运行 Application 的 main()函数并创建 SparkContext，DAGScheduler 根据依赖关系把对 Job 中的 RDD（有向无环图）划分为多个 Stage，每一个 Stage 是一个 TaskSet，TaskScheduler 把 Task 分发给 Worker 中的 Executor；Worker 启动 Executor，Executor 启动线程池用于执行 Task。

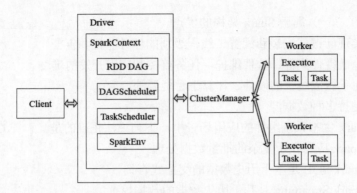

图 6.19　Spark Core

2）Spark 工作原理

（1）广播变量。

Driver 初始化了一个集合 BigArr，集合数据 10 MB。例如，每个 Executor 有两个线程，那么一个 Executor 进程就会有两个 BigArr，如图 6.20 所示。

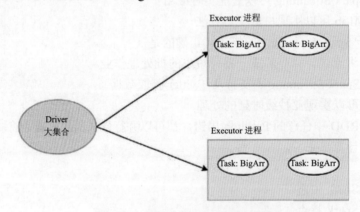

图 6.20　携带任务副本的执行机制

解决办法：可以将每个 Executor 中的每个线程的 BigArr 都放到 Executor 进程中，让多个线程共享进程里面的 BigArr，从而节省系统内存资源，这需要引入广播变量，如图 6.21 所示。

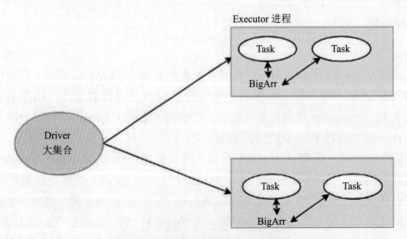

图 6.21　使用广播变量的执行机制

广播变量在每个节点上保存一个只读变量的缓存，从而不用给每个 Task 传送一个 copy，这样降低了通信的成本。

广播变量通过调用广播变量的 value 方法可以访问。

广播变量只会被发到各个节点一次，应作为只读值处理（修改广播变量的值不会影响到别的节点）。

表面上看是数据在流动，实质上是算子在流动。

（2）Spark Job 调度模式。

用户通过不同的线程提交的 Job 可以并发运行，但是受到资源的限制。Job 到调度池（pool）内申请资源，调度池会根据工程的配置，决定采用哪种调度模式。

① FIFO 模式（默认）。

每个 Job 被切分为多个 Stage。第一个 Job 优先获取所有可用的资源，接下来第二个 Job 再获取剩余资源，以此类推。

② FAIR 模式。

在 FAIR 模式调度下，Spark 在多 Job 之间以轮询方式为任务分配资源，所有的任务拥有大致相当的优先级来共享集群的资源。这就意味着当一个长任务正在执行时，短任务仍可以分配到资源，提交并执行，并且获得不错的响应时间。这样就不用像 FIFO 那样需要等待长任务执行完才可以，这种调度模式很适合多用户的场景。

（3）通信框架，如图 6.22 所示。

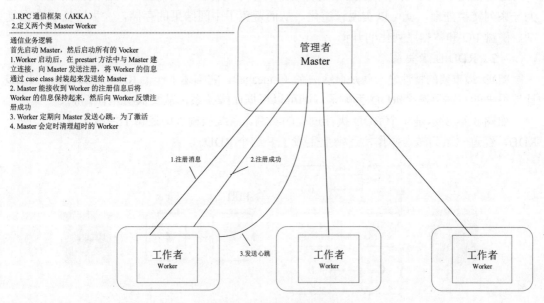

图 6.22　Spark 通信框架

3）RDD 是 Spark 的灵魂

（1）RDD 概念。

通常，可以将 RDD 理解为一个分布式对象集合，本质上是一个只读的分区记录集合。每个 RDD 可以分成多个分区，每个分区就是一个数据集片段。一个 RDD 的不同分区可以保存到集群中的不同节点上，从而可以在集群中的不同节点上进行并行计算，如图 6.23 所示。

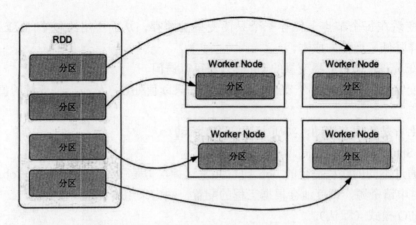

图 6.23 RDD 的分区及分区与工作节点（Worker Node）的分布关系

RDD 具有容错机制，并且只读不能修改，可以执行确定的转换操作创建新的 RDD。

RDD 实质上是一种更为通用的迭代并行计算框架，用户可以显示控制计算的中间结果，然后将其自由运用于之后的计算。

在大数据实际应用开发中存在许多迭代算法（如机器学习、图算法等）和交互式数据挖掘工具。这些应用场景的共同之处是在不同计算阶段之间会重用中间结果，即一个阶段的输出结果会作为下一个阶段的输入。

通过使用 RDD，用户不必担心底层数据的分布式特性，只需要将具体的应用逻辑表达为一系列转换处理，就可以实现管道化，从而避免了中间结果的存储，大大降低了数据复制、磁盘 I/O 和数据序列化的开销。

（2）RDD 血缘关系。

RDD 最重要的特性之一就是血缘关系（Lineage），它描述了一个 RDD 是如何从父 RDD 计算得来的。如果某个 RDD 丢失了，则可以根据血缘关系，从父 RDD 计算得来。

如图 6.24 所示是一个 RDD 执行过程的实例。系统从输入中逻辑上生成了 A 和 C 两个 RDD，经过一系列转换操作，逻辑上生成了 F 这个 RDD。

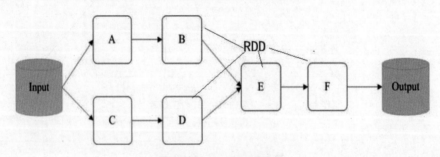

图 6.24 RDD 血缘关系

Spark 记录了 RDD 之间的生成和依赖关系，如图 6.25 所示。当 F 进行行动操作时，Spark 会根据 RDD 的依赖关系生成 DAG，并从起点开始真正的计算。

（3）RDD 基本操作。

RDD 的操作分为转化（Transformation）操作和行动（Action）操作。转化操作就是从一个 RDD 产生一个新的 RDD，而行动操作就是进行实际的计算。

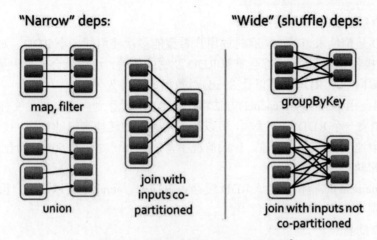

图 6.25　RDD 操作与 RDD 依赖关系[①]

RDD 的操作是惰性的，当 RDD 执行转化操作时，实际计算并没有被执行，只有当 RDD 执行行动操作时才会促发计算任务提交，从而执行相应的计算操作。

（4）RDD 依赖关系与 Stage 划分，如图 6.26 所示。

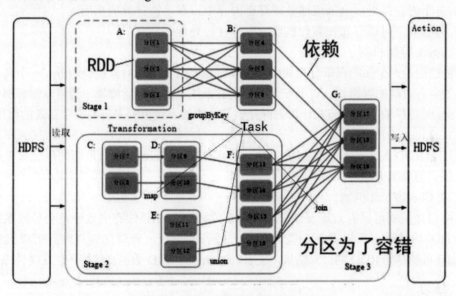

图 6.26　RDD 依赖关系与 Stage 划分

RDD 算子构建了 RDD 之间的关系，整个计算过程形成了一个由 RDD 和关系构成的 DAG。

① 依据宽依赖把 DAG 划分为多个 Stage。

② 宽依赖：1 个父 RDD 分区对应 1 个子 RDD 的分区。

③ 窄依赖：1 个父 RDD 分区对应多个子 RDD 分区。

④ Task 就是对 RDD 的一系列的操作。

详细介绍参见 https://blog.csdn.net/dsdaasaaa/article/details/94181269。

① 图片来源：https://blog.csdn.net/qq_44509920/article/details/105460464

（5）RDD 缓存。

Spark RDD 是惰性求值的，但有时候用户希望能多次使用同一个 RDD。如果简单地对 RDD 调用行动操作，Spark 每次都会重算 RDD 及它的依赖，这样就会带来大量的消耗。为了避免多次计算同一个 RDD，可以让 Spark 对数据进行持久化。

Spark 可以使用 persist()和 cache()方法将任意 RDD 缓存到内存、磁盘文件系统中。缓存是容错的，如果一个 RDD 分片丢失，可以通过构建它的转换来自动重构。被缓存的 RDD 被使用时，存取速度会被大大加速。一般情况下，Executor 内存的 60%会分配给 cache()，剩下的 40%用来执行任务。

cache()是 persist()的特例，将该 RDD 缓存到内存中。persist()可以让用户根据需求指定一个持久化级别。

（6）RDD 的特点。

① 只读：它是在集群节点上的、不可变的、已分区的静态集合对象。

② 惰性：只能通过转换操作生成新的 RDD，如 map、filter、join、etc。

③ 容错：失败自动重建。

④ 弹性：计算过程中内存不够时它会和磁盘进行数据交换。

⑤ 基于内存：可以全部或部分缓存在内存中，在多次计算间重用。

⑥ 分布式：可以分布在多台机器上进行并行处理。

4）Spark 容错机制

容错指的是一个系统在部分模块出现故障时还能否持续地对外提供服务。一个高可用的系统应该具有很高的容错性。对于一个大的集群系统来说，机器故障、网络异常等都是很常见的，Spark 这样的大型分布式计算集群提供了很多的容错机制来提高整个系统的可用性。

（1）Lineage 机制。

当这个 RDD 的部分分区数据丢失时，它可以通过 Lineage 获取足够的信息来重新运算和恢复丢失的数据分区。

（2）CheckPoint 机制。

使用缓存机制可以有效地保证 RDD 的故障恢复，但如果缓存失效还是会导致系统重新计算 RDD 的结果，所以对于一些 Lineage 较长的场景，计算比较耗时。可以尝试使用 checkpoint 机制存储 RDD 的计算结果，被 checkpoint 的 RDD 数据直接持久化在文件系统中。

2. 练习

1）单选题

（1）（　　）不是 RDD 的特点。

    A. 可分区   B. 容错   C. 可修改   D. 惰性

（2）关于广播变量，下面（　　）是错误的。

    A. 任何线程可以调用   B. 是只读的

    C. 存储在各个节点   D. 存储在磁盘或 HDFS

（3）Spark Job 默认的调度模式是（　　）。

    A. FIFO   B. FAIR   C. YARN   D. 运行时指定

（4）Spark 的 Master 和 Worker 通过（　　）方式进行通信的。

A．RPC　　　　B．RMI　　　　C．JMS　　　　D．Akka

（5）Task 运行在（　　）中。

A．Driver Program　　　　　　B．Spark Master

C．Worker Node　　　　　　　D．Cluster Manager

（6）Spark 比 Mapreduce 快的原因是（　　）。

A．基于内存计算，减少低效的磁盘交互

B．基于 DAG 的高效的调度算法

C．容错机制 Lineage

D．以上都对

2）填空题

（1）在 Spark 中，Stage 划分的标准是（　　）依赖。

（2）在 Spark 中，（　　）依赖可以形成流水线操作。

（3）RDD 算子构建了 RDD 之间的关系，整个计算过程形成了一个由 RDD 和关系构成的（　　）。

（4）（　　）是一个分布式对象集合。

（5）程序的初始化工作在（　　）中进行。

（6）算子在（　　）端执行。

（7）在（　　）模式调度下，Spark 在多 Job 之间以轮询方式为任务分配资源，所有的任务拥有大致相当的优先级来共享集群的资源。

（8）广播变量只会被发到各个节点（　　）次，应作为只读值处理。

（9）RDD 的操作分为 Transformation 操作和（　　）操作。

（10）1 个父 RDD 分区对应 1 个子 RDD 的分区，称为（　　）依赖。

3）多选题

（1）下面（　　）组件可以在 Hadoop 集群中代替 MR 做一些计算。

A．Hive　　　　B．Sqoop　　　　C．Spark　　　　D．Avro

（2）下列（　　）是 RDD 的缓存方法。

A．persist()　　　B．Cache()　　　C．Memory()　　　D．Map()

4）简答题

（1）为什么要用广播变量？

（2）简述 Application 逻辑结构。

（3）什么是 RDD？

（4）简述 Spark 容错机制。

6.3.3　Spark 部署与优化

1．基础知识

1）安装模式

（1）Standalone 模式，如图 6.27 所示。

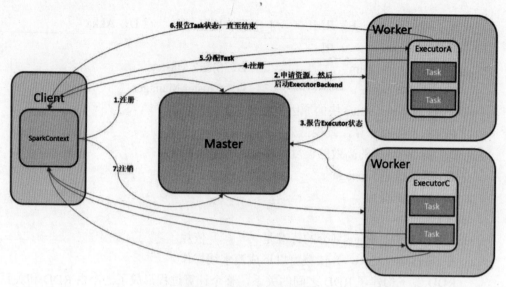

图 6.27 Standalone 模式

（2）On YARN 模式，如图 6.28 所示。

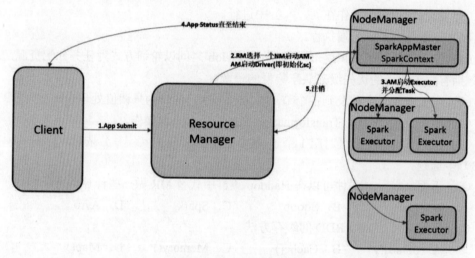

图 6.28 On YARN 模式[①]

Spark 客户端直接连接 YARN，不需要额外构建 Spark 集群。有 yarn-client 和 yarn-cluster 两种模式，主要区别在于：Driver 程序的运行节点。

yarn-client：Driver 程序运行在客户端，适用于交互、调试，希望立即看到 App 的输出。

yarn-cluster：Driver 程序运行在由 RM（resource manager）启动的 AM（APPMaster）适用于生产环境。

（3）On Messos 模式。

Spark 客户端直接连接 Messos；不需要额外构建 Spark 集群。国内应用比较少，更多的是运用 YARN 调度。

[①] 图片来源：https://blog.csdn.net/Novice_gug/article/details/105216541

（4）几种模式对比，如表 6.6 所示。

表 6.6　3 种 Spark 安装模式对比

模　　式	Spark 安装机器数	需启动的进程	所　属　者
Local	1	无	Spark
Standalone	3	Master 及 Worker	Spark
YARN	1	YARN 及 HDFS	Hadoop

2）部署

（1）把 Spark 安装包（spark-2.3.1-bin-hadoop2.7.gz）解压到/opt 目录下。

```
tar -zxvf spark-2.3.1-bin-hadoop2.7.gz -C /opt/
```

（2）在环境变量中添加 Spark 的安装路径，更新配置文件，使变量生效，如图 6.29 所示。

```
vi /etc/profile
```

```
export PATH="$PATH:/opt/scala/bin"

export SPARK_HOME=/opt/spark-2.3.1
export PATH=$PATH:$SPARK_HOME/bin
```

图 6.29　Spark 环境变量配置

（3）修改配置文件，如图 6.30 所示。

```
vi spark-env.sh
```

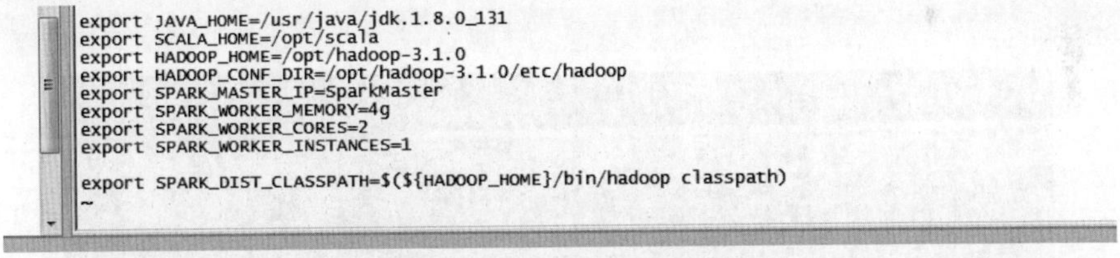

```
export JAVA_HOME=/usr/java/jdk.1.8.0_131
export SCALA_HOME=/opt/scala
export HADOOP_HOME=/opt/hadoop-3.1.0
export HADOOP_CONF_DIR=/opt/hadoop-3.1.0/etc/hadoop
export SPARK_MASTER_IP=SparkMaster
export SPARK_WORKER_MEMORY=4g
export SPARK_WORKER_CORES=2
export SPARK_WORKER_INSTANCES=1

export SPARK_DIST_CLASSPATH=$(${HADOOP_HOME}/bin/hadoop classpath)
~
```

图 6.30　修改 spark-env.sh

（4）修改 slaves 文件，如图 6.31 所示。

```
cp slaves.template slaves
vi slaves
```

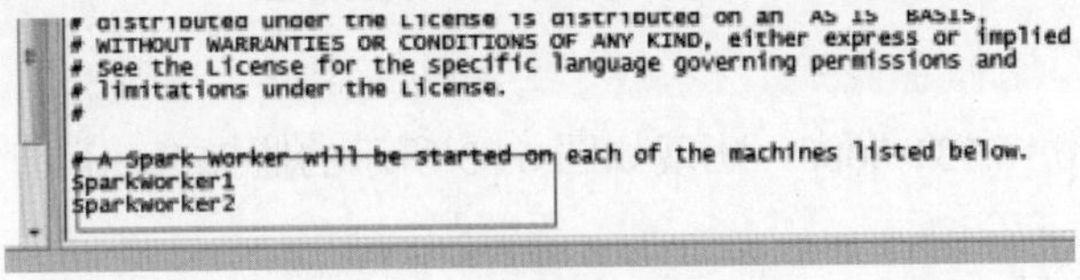

```
# distributed under the License is distributed on an  AS IS  BASIS,
# WITHOUT WARRANTIES OR CONDITIONS OF ANY KIND, either express or implied
# See the License for the specific language governing permissions and
# limitations under the License.
#

# A Spark worker will be started on each of the machines listed below.
Sparkworker1
sparkworker2
```

图 6.31　修改 slaves 文件

（5）文件同步。

① 将配置好的文件同步到其他节点上。

```
scp -r /opt/spark-2.3.1/ root@hadoop2:/opt
scp -r /opt/spark-2.3.1/ root@hadoop3:/opt
```

② 将环境变量同步到其他节点上。

```
scp -r /etc/profile/ root@hadoop2:/etc/profile
scp -r /etc/profile/ root@hadoop3:/etc/profile
```

③ 在其他节点上使环境生效。

```
source /etc/profile
source /etc/profile
```

（6）配置 host 文件。

```
vi /etc/hosts
172.16.16.131       SparkMaster
172.16.16.132       SparkWorker1
172.16.16.133       SparkWorker2
```

（7）启动 Spark 集群并测试。

① 启动 Spark 集群。

在 hadoop1 节点分别执行 start-master.sh 和 start-slaves.sh。

注意，如果配置了 HADOOP_CONF_DIR，那么在启动 Spark 集群之前，先启动 Hadoop 集群。

② 启动 spark shell，如图 6.32 所示。

```
spark-shell
```

图 6.32　spark shell 欢迎界面

3）监控

输入地址 172.16,16.131:8080，出现如图 6.33 所示的监控 Spark。

4）优化

（1）参数调优。

① 使用 foreachPartitions 替代 foreach。原理类似于使用 mapPartitions 替代 map，也是一次函数调用处理一个 partition 的所有数据，而不是一次函数调用处理一条数据。在实践中发现，foreachPartitions 类的算子，对性能的提升还是很有帮助的。

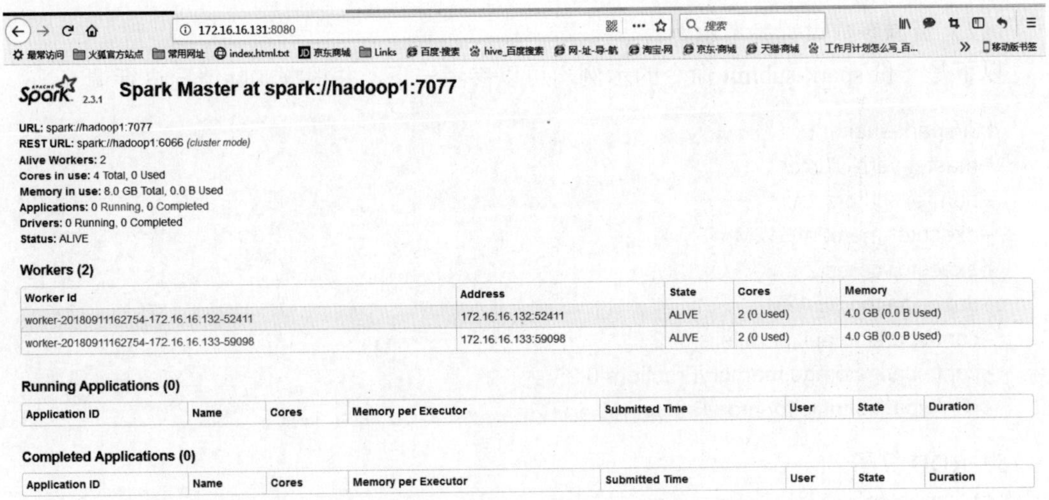

图 6.33　Web 监控 Spark 状态

② 设置 num-executors 参数。该参数用于设置 Spark 作业总共要用多少个 Executor 进程来执行。Driver 在向 YARN 集群管理器申请资源时，YARN 集群管理器会尽可能按照用户的设置，在集群的各个工作节点上启动相应数量的 Executor 进程。这个参数非常重要，如果不进行设置，默认情况下只会启动少量的 Executor 进程，此时 Spark 作业的运行速度是非常慢的。

参数调优建议：该参数设置得太少，无法充分利用集群资源；设置得太多，大部分队列可能无法给予充分的资源。针对数据交换的业务场景，建议将该参数设置为 1～5。

③ 设置 executor-memory 参数。该参数用于设置每个 Executor 进程的内存。建议本参数设置在 512 MB 及以下。

④ executor-cores。该参数用于设置每个 Executor 进程的 CPU core 的数量。参数调优建议设置为 2～4 个较为合适。

⑤ driver-memory。该参数用于设置 Driver 进程的内存。参数调优建议：Driver 的内存通常来说不设置，或者设置在 512 MB 以下。唯一需要注意的是，如果需要使用 collect 算子将 RDD 的数据全部拉取到 Driver 上进行处理，那么必须确保 Driver 的内存足够大，否则会出现 OOM 内存溢出的问题。

⑥ spark.default.parallelism。该参数用于设置每个 Stage 的默认 Task 数量。官网建议的设置原则是设置该参数为 num-executors * executor-cores 的 2～3 倍较为合适，此时可以充分地利用 Spark 集群的资源。针对数据交换的场景，建议此参数设置为 1～10。

⑦ spark.storage.memoryFraction。参数用于设置 RDD 持久化数据在 Executor 内存中能占的比例，默认是 0.6。也就是说，默认 Executor 60%的内存，可以用来保存持久化的 RDD 数据。根据所选择的不同的持久化策略，如果内存不够，可能数据就不会持久化，或者数据会写入磁盘。针对数据交换的场景，建议降低此参数值到 0.2～0.4。

⑧ spark.shuffle.memoryFraction。该参数用于设置 Shuffle 过程中进行聚合操作时能够使用的 Execute 内存的比例，进行聚合操作时能够使用的 Executor 内存的比例，默认是 0.2。也就是说，Executor 默认只有 20%的内存用来进行该操作。建议此值设置为 0.1 或以下。

（2）资源参数设置参考示例。

以下是一份 spark-submit 命令的示例，可以参考一下，并根据实际情况进行调节。

```
./bin/spark-submit \
  --master yarn-cluster \
  --num-executors 1 \
  --executor-memory 512M \
  --executor-cores 2 \
  --driver-memory 512M \
  --conf spark.default.parallelism=2 \
  --conf spark.storage.memoryFraction=0.2 \
  --conf spark.shuffle.memoryFraction=0.1 \
```

5）RDD 算子

（1）Transformation，如表 6.7 所示。

表 6.7　Transformation 算子

Transformation	算 子 作 用
map(func)	新 RDD 中的数据由原 RDD 中的每个数据通过函数 func()得到
filter(func)	新 RDD 中的数据由原 RDD 中每个能使函数 func()返回 True 值的数据组成
flatMap(func)	类似于 Map，但 func()的返回值是一个 Seq 对象，Seq 中的元素个数可以是 0 或者多个
mapPartitions(func)	类似于 Map，但 func()的输入不是一个数据项，而是一个分区，若 RDD 内数据类型为 T，则 func()必须是 Iterator<T> => Iterator<U> 类型
mapPartitionsWithIndex(func)	类似于 mapPartitions，但 func()的数据还多了一个分区索引，即 func()类型是 "Int, Iterator<T> => Iterator<U>"
sample(withReplacement, fraction, seed)	对 fraction 中的数据进行采样，可以选择是否要进行替换，需要提供一个随机数种子
union(otherDataset)	新 RDD 中数据是原 RDD 与 RDD otherDataset 中数据的并集
Intersection(otherDataset)	新 RDD 中数据是原 RDD 与 RDD otherDataset 中数据的交集
distinct([numTasks])	新 RDD 中数据是原 RDD 中数据去重的结果
groupByKey([numTasks])	原 RDD 中数据类型为(K, V)对，新 RDD 中数据类型为(K, Iterator(V))对，即将相同 K 的所有 V 放到一个迭代器中
reduceByKey(func, [numTasks])	原 RDD 和新 RDD 数据的类型都为(K, V)对，让原 RDD 相同 K 的所有 V 依次经过函数 func()，得到的最终值作为 K 的 V
aggregateByKey(zeroValue)(seqOp, combOp, [numTasks])	原 RDD 数据的类型为(K, V)，新 RDD 数据的类型为(K, U)，类似于 groupbyKey()函数，但聚合函数由用户指定。键-值对值的类型可以与原 RDD 不同
sortByKey([ascending], [numTasks])	原 RDD 和新 RDD 数据的类型为(K, V)键-值对，新 RDD 的数据根据 ascending()的指定顺序排序，或者逆序排序
join(otherDataset, [numTasks])	原 RDD 数据的类型为(K, V)，otherDataset()数据的类型为(K, W)，对于相同的 K，返回所有的(K, (V, W))

续表

Transformation	算 子 作 用
cogroup(otherDataset, [numTasks])	原 RDD 数据的类型为(K, V)，otherDataset()数据的类型为(K, W)，对于相同的 K，返回所有的(K, Iterator<V>, Iterator<W>)
catesian(otherDataset)	原 RDD 数据的类型为 T，otherDataset 数据的类型为 U，返回所有的(T, U)
pipe(command, [envValue])	令原 RDD 中的每个数据以管道的方式依次通过命令 command，返回得到的标准输出
coalesce(numPartitions)	减少原 RDD 中分区的数目至指定值 numPartitions
repartition(numPartitions)	修改原 RDD 中分区的数目至指定值 numPartitions

（2）Action，如表 6.8 所示。

表 6.8　Action 算子

Action	算 子 作 用
reduce(func)	func()的类型为(T, T) => T，返回最终结果
collect()	将原 RDD 中的数据打包成数组并返回
count()	返回原 RDD 中数据的个数
first()	返回原 RDD 中的×××个数据项
take(n)	返回原 RDD 中前 n 个数据项，返回结果为数组
takeSample(withReplacement, num, [seed])	对原 RDD 中的数据进行采样，返回 num 个数据项
saveAsTextFile(path)	将原 RDD 中的数据写入文本文件中
saveAsSequenceFile(path)(Java and Scala)	将原 RDD 中的数据写入序列文件中
savaAsObjectFile(path)(Java and Scala)	将原 RDD 中的数据序列化并写入文件中。可以通过 SparkContext.objectFile()方法加载
countByKey()	原 RDD 数据的类型为(K, V)，返回 hashMap(K, Int)，用于统计 K 出现的次数
foreach(func)	对于原 RDD 中的每个数据执行函数 func()，返回数组

2．练习

1）单选题

（1）在 Spark 中，Transformations 操作不包括（　　）。

    A．map   B．count

    C．filter   D．groupBy

（2）在 Spark 中，Actions 操作不包括（　　）。

    A．collect   B．count

    C．filter   D．save

（3）（　　）端口不是 Spark 自带服务的端口。

    A．8080   B．4040

    C．8090   D．18080

（4）（　　）不是 Spark 集群部署模式。

    A．Mesos   B．YARN

  C．FAIR   D．Spark standalone

（5）（   ）操作是窄依赖。

  A．join   B．filter

  C．group   D．sort

（6）（   ）操作肯定是宽依赖。

  A．map   B．flatMap

  C．reduceByKey   D．sample

2）填空题

（1）在 Spark 中，（   ）操作是惰性的，只记录，不马上执行 Transformations。

（2）在 Spark 中，（   ）才会触发计算。

3）多选题

创建 Spark RDD 的方式有（   ）。

A．使用程序中的集合创建 RDD   B．使用本地文件系统创建 RDD

C．使用 HDFS 创建 RDD   D．基于数据库 DB 创建 RDD

提示：

创建 RDD 的方式如下。

① 测试：通过并行化一个已经存在的集合，转化成 RDD。

② 生产：引用一些外部的数据集（共享的文件系统，包括 HDFS、HBase 等支持 Hadoop InputFormat 的都可以）。

4）简答题

（1）可以监控的 Spark 信息有哪些？

（2）简述 Spark 安装过程。

（3）简述 Spark 优化建议。

第 7 章

大数据平台运维工具

7.1 Ambari 大数据环境搭建利器

7.1.1 安装

1. 简介

Ambari 是 Hortonworks 开源的 Hadoop 平台的管理软件，具有 Hadoop 组件的安装、管理、运维等基本功能，提供 Web UI 进行可视化的集群管理，简化了大数据平台的安装、使用难度。

2. 安装前的准备

（1）使用 IOS 镜像文件创建一个新的虚拟机，建议至少虚拟机配置 5 GB，硬盘 50 GB。

（2）下载所有依赖的安装包。

https://docs.hortonworks.com/HDPDocuments/Ambari-2.6.0.0/bk_ambari-installation/content/ambari_repositories.html

https://docs.hortonworks.com/HDPDocuments/Ambari-2.6.0.0/bk_ambari-installation/content/hdp_26_repositories.html

先确保安装目录下有以下 6 个文件。

```
ambari-2.6.0.0-ubuntu16.tar.gz
ambari.list
HDP-2.6.3.0-ubuntu16-deb.tar.gz
hdp.list
```

```
HDP-UTILS-1.1.0.21-ubuntu16.tar.gz
jdk-8u144-linux-x64.tar.gz
```

（3）安装 Apache Http 服务。

```
apt-get install apache2
```

将安装包复制到 httpd 网站根目录。
（4）在 httpd 网站根目录，默认为/var/www/html/，创建目录 ambari。

```
mkdir /var/www/html/ambari
```

（5）解压 ambari-2.6.0.0-ubuntu16.tar.gz。

```
tar -zxvf ambari-2.6.0.0-ubuntu16.tar.gz -C /var/www/html/ambari/
```

（6）解压 HDP-UTILS-1.1.0.21-centos7.tar.gz。

```
tar -zxvf HDP-UTILS-1.1.0.21-centos7.tar.gz -C /var/www/html/ambari/HDP-UTILS
```

（7）在 hadoop1 上修改 ambari.list 文件。

```
#VERSION_NUMBER=2.6.0.0-267
deb http://192.168.147.141/ambari/ambari/ubuntu16/2.6.0.0-267 Ambari main
```

（8）修改 hdp.list 文件。

```
#VERSION_NUMBER=2.6.3.0-235
deb http://192.168.147.141/ambari/HDP/ubuntu16/2.6.3.0-235 HDP main
deb http://192.168.147.141/ambari/HDP-UTILS HDP-UTILS main
```

（9）创建一个 ambari.rpo 文件，内容如下。

```
[Updates-ambari-2.2.2.0]
name=ambari-2.2.2.0-Updates
baseurl=http://192.168.0.100/ambari/centos7/2.2.2.0-460
gpgcheck=1
gpgkey=http://public-repo-1.hortonworks.com/ambari/centos7/RPM-GPG-KEY/RPM-GPG
    -KEY-Jenkins
enabled=1
priority=1
```

http://192.168.0.100（指 ambari 主机的 IP 地址）后面的地址必须与 var/www/html 目录下 ambari 的下级目录对应起来，如图 7.1 所示。

图 7.1 主机 IP 地址必须与 var/www/html 目录下 ambari 的下级目录对应

```
[Updates-ambari-2.2.2.0]
name=ambari-2.2.2.0-Updates
baseurl=http://192.168.0.100/ambari/centos7/2.2.2.0-460
gpgcheck=1
gpgkey=http://public-repo-1.hortonworks.com/ambari/centos7/RPM-G
enabled=1
priority=1
```

图 7.1　主机 IP 地址必须与 var/www/html 目录下 ambari 的下级目录对应（续）

（10）将 ambari.rpo 文件上传至/etc/yum.repos.d 目录下，如图 7.2 所示。

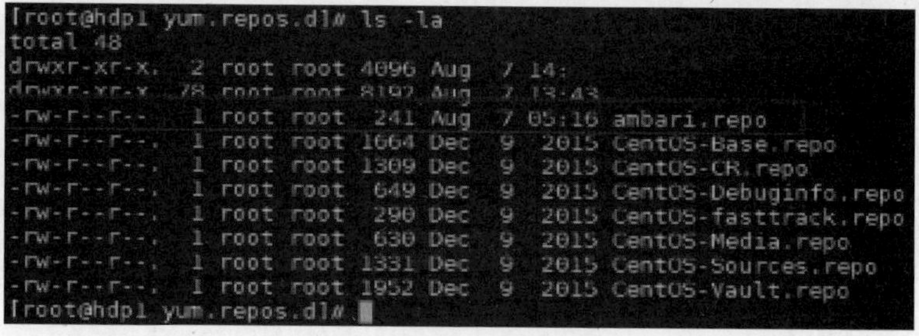

图 7.2　查看上传后的文件

（11）检测。在浏览器中访问 http://192.168.0.100/ambari/centos7/2.2.2.0-460，成功则准备完毕。

3．安装 Ambari

（1）安装 ambari-server。

```
yum install ambari-server
```

在安装过程中，会有交互的过程，选择 yes 即可，完成后如图 7.3 所示。

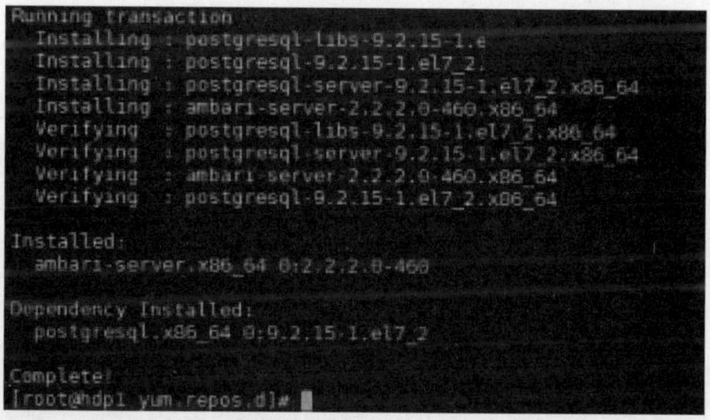

图 7.3　ambari-server 安装成功提示

（2）启动 Ambari 相关服务。

```
ambari-server status
ambari-server start
ambari-server stop
ambari-server restart
```

命令为 ambari-server setup（直接开始 start 命令会出错）。执行安装命令在如图 7.4 所示的界面选择系统已经安装的 jdk 版本。

```
[root@hdp1 yum.repos.d]# ambari-server setup
Using python  /usr/bin/python
Setup ambari-server
Checking SELinux...
SELinux status is 'disabled'
Customize user account for ambari-server daemon [y/n] (n)? n
Adjusting ambari-server permissions and ownership...
Checking firewall status...
Redirecting to /bin/systemctl status  iptables.service

Checking JDK...
[1] Oracle JDK 1.8 + Java Cryptography Extension (JCE) Policy Files 8
[2] Oracle JDK 1.7 + Java Cryptography Extension (JCE) Policy Files 7
[3] Custom JDK
==============================================================================
Enter choice (1): 3
WARNING: JDK must be installed on all hosts and JAVA_HOME must be valid on al
WARNING: JCE Policy files are required for configuring Kerberos security. If
Path to JAVA_HOME: /usr/java/jdk1.8.0_91
Validating JDK on Ambari Server...done.
Completing setup...
Configuring database...
Enter advanced database configuration [y/n] (n)?
```

图 7.4　选择系统已经安装的 jdk 版本

数据库配置，选择 MySQL，如图 7.5 所示。

```
Configuring database...
Enter advanced database configuration
Configuring database...
==============================================================================
Choose one of the following options:
[1] - PostgreSQL (Embedded)
[2] - Oracle
[3] - MySQL
[4] - PostgreSQL
[5] - Microsoft SQL Server (Tech Preview)
[6] - SQL Anywhere
==============================================================================
Enter choice (1): 3
```

图 7.5　数据库配置

等待安装，完成后如图 7.6 所示。

```
==============================================================================
Enter choice (1): 3
Hostname (localhost):
Port (3306):
Database name (ambari):
Username (ambari):
Enter Database Password (bigdata):
Configuring ambari database...
Copying JDBC drivers to server resources...
Configuring remote database connection properties...
WARNING: Before starting Ambari Server, you must run the following DDL against the
Proceed with configuring remote database connection properties [y/n] (y)?
Extracting system views...
ambari-admin-2.2.2.0.460.jar
......
Adjusting ambari-server permissions and ownership...
Ambari Server 'setup' completed successfully.
[root@hdp1 yum.repos.d]#
```

图 7.6　ambari-server 安装成功提示信息

（3）数据库配置。

如图 7.6 所示，手工创建 ambari 数据库及用户。

```
mysql -u root -p

create database ambari;    （创建 ambari 数据库）
GRANT ALL PRIVILEGES ON *.* TO 'ambari'@'localhost' IDENTIFIED BY 'bigdata'; （创建 ambari
用户）
GRANT ALL PRIVILEGES ON *.* TO 'ambari'@'%' IDENTIFIED BY 'bigdata';
FLUSH PRIVILEGES; （刷新权限）
quit;

    service mysql restart;
    mysql -u ambari -p    （成功登录则表示创建成功）

use ambari;
source /var/lib/ambari-server/resources/Ambari-DDL-MySQL-CREATE.sql;    （ambari 数据库建表）
show tables; (显示 ambari 数据库所有表则表示创建成功)
quit;
```

启动 ambari-server，如图 7.7 所示。

```
ambari-server start
```

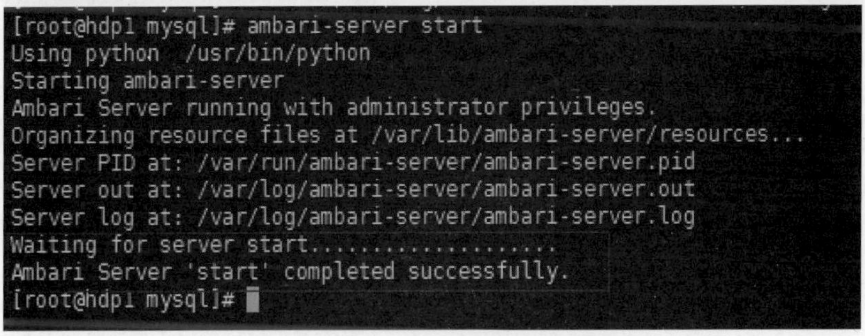

图 7.7 ambari-server 启动成功提示

（4）监听测试，如图 7.8 所示。

```
netstat -nltp|grep java   (ambari-server 默认监听的是 8080 端口)
```

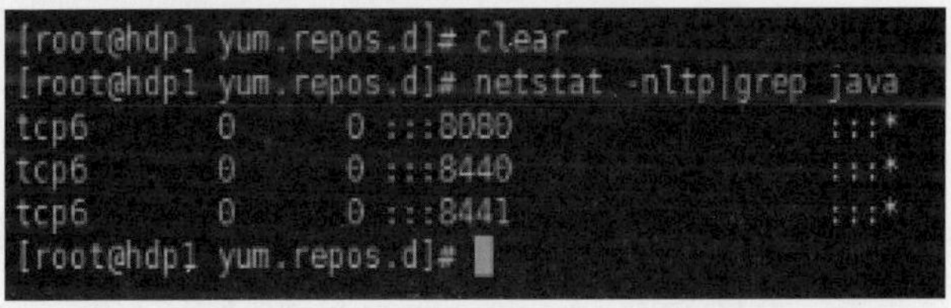

图 7.8 查看 ambari-server 默认监听的是 8080 端口

说明：通过 cat /etc/ambari-server/conf/ambari.properties （这个文件里，可看到配置的数据库相关的信息（见图 7.9））。

（5）启动测试。

任一能 ping 能 ambari 主机的机器上，打开 http://192.168.2.89:8080，以 admin 登录，密码为 admin，如图 7.10 所示。

```
ulimit.open.files=10000
api.authenticate=true
server.persistence.type=remote
jdk1.8.jcpol-url=http://public-repo-1.hortonworks.com/ARTIFACTS/jce_policy-8.zip
jdk1.8.url=http://public-repo-1.hortonworks.com/ARTIFACTS/jdk-8u60-linux-x64.tar.gz
java.home=/usr/java/jdk1.8.0_91
server.jdbc.hostname=localhost
shared.resources.dir=/usr/lib/ambari-server/lib/ambari_commons/resources
jdk.download.supported=true
resources.dir=/var/lib/ambari-server/resources
custom.action.definitions=/var/lib/ambari-server/resources/custom_action_definitions
views.request.connect.timeout.millis=5000
jdk1.7.desc=Oracle JDK 1.7 + Java Cryptography Extension (JCE) Policy Files 7
server.jdbc.driver=com.mysql.jdbc.Driver
security.server.keys_dir=/var/lib/ambari-server/keys
server.jdbc.rca.user.name=ambari
webapp.dir=/usr/lib/ambari-server/web
server.os_family=redhat7
server.jdbc.user.passwd=/etc/ambari-server/conf/password.dat
server.execution.scheduler.isClustered=false
views.ambari.request.connect.timeout.millis=5000
server.jdbc.database=mysql
server.jdbc.database_name=ambari
server.jdbc.rca.url=jdbc:mysql://hdp1:3306/ambari
bootstrap.script=/usr/lib/python2.6/site-packages/ambari_server/bootstrap.py
server.version.file=/var/lib/ambari-server/resources/version
jdk1.8.dest-file=jdk-8u60-linux-x64.tar.gz
server.task.timeout=1200
user.inactivity.timeout.role.readonly.default=0
java.releases=jdk1.8,jdk1.7
recommendations.dir=/var/run/ambari-server/stack-recommendations
agent.stack.retry.tries=5
server.os_type=centos7
server.execution.scheduler.maxDbConnections=5
```

图 7.9　数据库配置相关信息

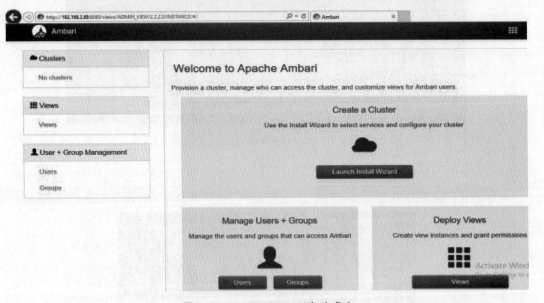

图 7.10　ambari-server 启动成功

更多内容可参考：https://blog.csdn.net/weixin_43456293/article/details/85127432。

7.1.2　使用

1. Ambari 功能

Ambari 功能，如图 7.11 所示。

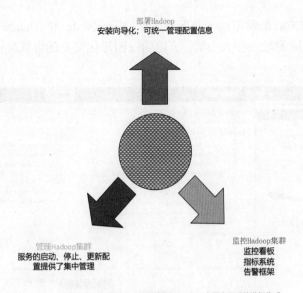

图 7.11 Ambari 功能

2. Ambari 集群服务

（1）Ambari 集群平台如图 7.12 所示。

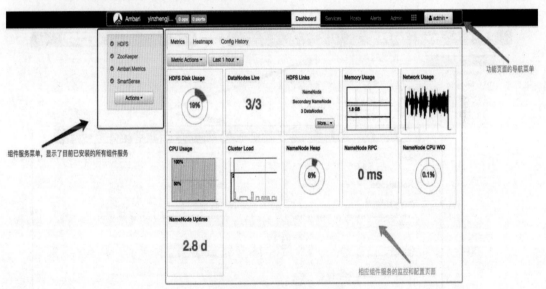

图 7.12 Ambari 集群平台

（2）查看 HDFS 状态，如图 7.13 所示。

Ambari 的管理控制台还提供了对集群服务监控的能力。为了便于理解，这里以 HDFS 为例进行说明。其他服务的监控与 HDFS 类似。

（3）配置 HDFS。

如图 7.14 所示，在 HDFS 的信息摘要页面选择 Config 选项卡，切换到 HDFS 的配置页面。映入眼帘的是 HDFS 最常用的一些配置，如 NameNode 和 DataNode 的文件路径、NameNode 和 DataNode 的堆内存大小等。可以通过图形化交互的方式轻松地修改这些配置参数。

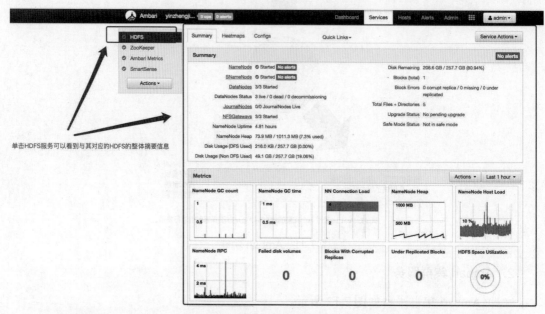

图 7.13　查看 HDFS 状态

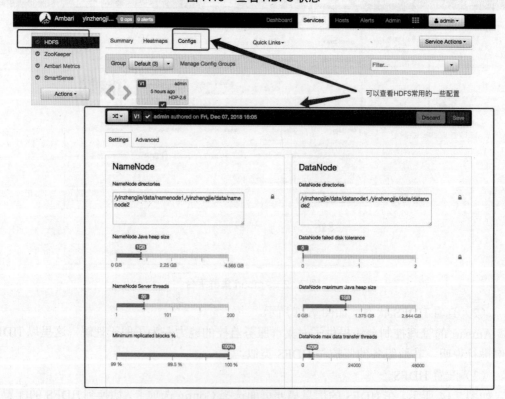

图 7.14　配置 HDFS

　　除上述这些常用配置外，还可以进一步进行高级设置。如图 7.15 所示，选择 Advanced 选项卡切换到高级配置页面，可以看到该页面已经定义了 HDFS 所有的可配置项。

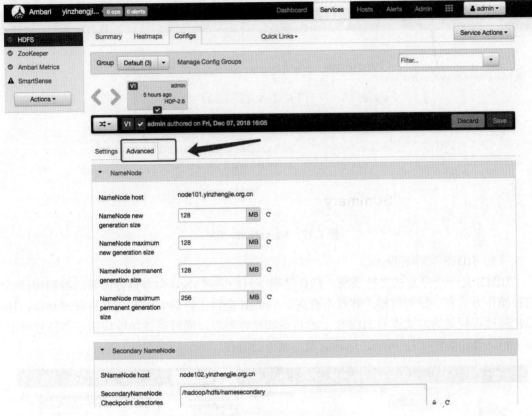

图 7.15　HDFS 的高级设置

　　（4）通过 HDFS 管理系统访问 NameNode UI 系统。

　　大多数组件服务都会拥有自己的一套原生管理系统，这里还是以 HDFS 为例来进行说明。如图 7.16 所示，HDFS 使用 NameNode UI 系统来观察集群状态和查看文件。如果想快速链接到组件服务相应的原声 UI 系统可以通过 Quick Links 功能进行便捷的页面链接。

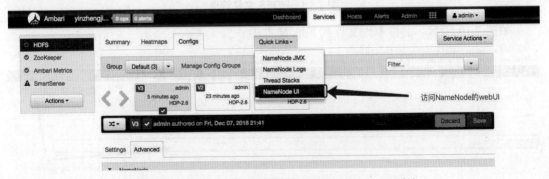

图 7.16　通过 HDFS 管理系统访问 NameNode UI 系统

　　选择图 7.16 所示的 NameNode UI 选项就可以访问 NameNode 的 WebUI 界面，如图 7.17

所示。

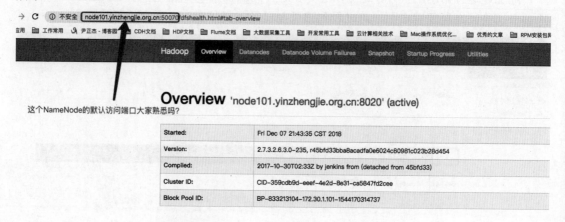

图 7.17　NameNode 信息

（5）HDFS 文件管理。

　　HDFS 是一个分布式文件系统，默认情况下只能通过 shell 命令进行日常的维护操作，这种操作方式有一定的门槛，并且不直观。Ambari 提供了针对 HDFS 的文件管理功能，让用户通过可视化的方式查看 HDFS 上的目录和文件列表，同时通过功能按钮还能新建目录和上传文件，如图 7.18 所示，这种管理方式十分方便。

图 7.18　HDFS 文件管理

　　如图 7.19 所示，上传本地文件到 hdfs 集群中。

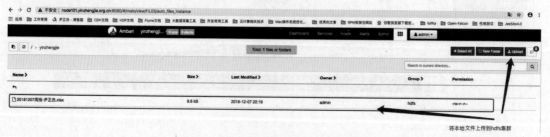

图 7.19　上传本地文件到 hdfs 集群中

（6）添加新的统计指标。

在 Ambari 主页中，可以看到 metrics、heatmaps、config history、用户信息、指标操作等。在 METRICS 中还可以看到当前组件以及整个集群的统计信息，如系统的内存使用率、网络使用率以及 CPU 等。在右上角的 METRIC ACTIONS 中可以添加新的统计指标或者编辑重置，如图 7.20 所示。

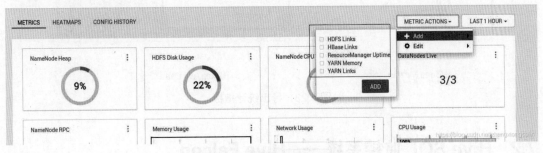

图 7.20　添加新的统计指标

可以选择统计的时间段，如图 7.21 所示。

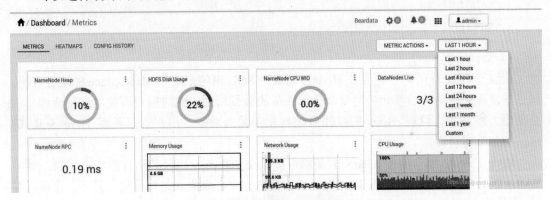

图 7.21　选择统计的时间段

可以对每个统计指标进行编辑或者删除操作，如图 7.22 所示。

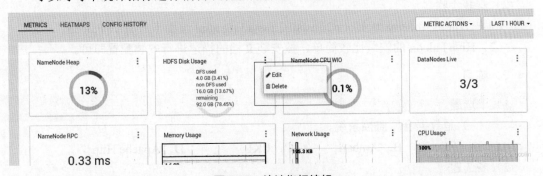

图 7.22　统计指标编辑

对于带有图标的指标，可以导出 CSV 格式或者 JSON 格式，如图 7.23 所示。
更多内容可参考：https://blog.csdn.net/zhangxiongcolin/article/details/83585666。

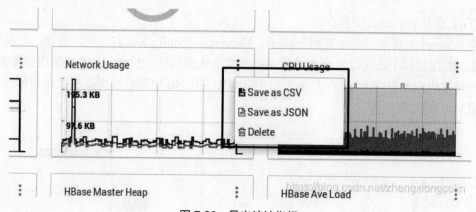

图 7.23　导出统计指标

7.2　Hive SQL 监控系统——Hive Falcon

7.2.1　安装

1. 知识点

1）简介

在编写 Hive SQL 时，需要在 Hive 终端编写 SQL 语句来观察 MapReduce 的运行情况，操作非常不便。另外随着业务的复杂化，任务的数量增加，此时用户再使用这套流程，就会感到力不从心，这时 Hive 的监控系统就显得尤为重要，用户需要观察 Hive SQL 的 MapReduce 运行详情。

Hive Falcon 用于监控 Hadoop 集群中被提交的任务，以及其运行的状态详情。其中 YARN 中的任务详情包含任务 ID、提交者、任务类型、完成状态等信息。另外，还可以编写 Hive SQL，并运行 SQL，查看 SQL 运行详情；也可以查看 Hive 仓库中的表以及表的结构等信息。

2）安装步骤

（1）在 https://hf.smartloli.org/2.Install/2.Installing.html 页面下载 Hive Falcon。

（2）Hive Falcon 的安装比较简单，按安装文档的描述进行安装配置即可。

2. 练习

1）单选题

（　　）是数据仓库监控系统。

A. Hive Falcon　　B. Ambari　　　　C. EKL　　　　　　D. Apache Http

2）多选题

Hive Falcon 用于监控 Hadoop 集群中被提交的任务，以及其运行的状态详情。其中 YARN 中任务详情包含（　　）等信息。

A. 任务 ID　　　　B. 提交者　　　　C. 任务类型　　　D. 完成状态

7.2.2 使用

1. Dashboard 页面

通过在浏览器中输入 http://host:port/hf，访问 Hive Falcon 的 Dashboard 页面，如图 7.24 所示。

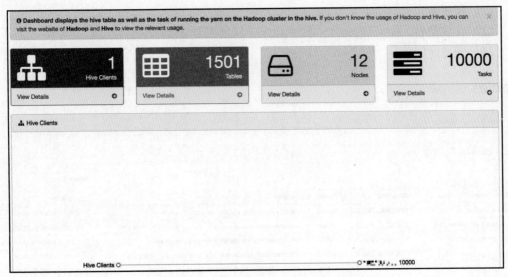

图 7.24 Hive Falcon 的 Dashboard 页面

2. Query 模块

Query 模块提供了一个运行 Hive SQL 的界面，该界面可以用来查看 SQL 运行的 MapReduce 详情，包含 SQL 编辑区、日志输出以及结果展示，如图 7.25 所示。

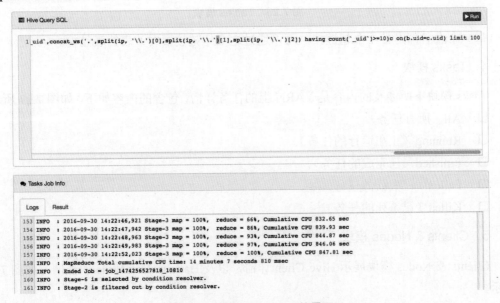

图 7.25 运行 Hive SQL 的界面

提示：在 SQL 编辑区可以通过 Alt+/快捷键快速调出 SQL 关键字。

3．Tables 模块

Tables 模块展示 Hive 中所有的表信息，包含以下内容，如图 7.26 所示。

- ❑ 表名。
- ❑ 表类型（如内部表、外部表等）。
- ❑ 所属者。
- ❑ 存放路径。
- ❑ 创建时间。

Tables overview

❶ Show the list of table for hive.   ✕

▦ Hive Tables Info

Search: [   ]

Table Name	Table Type	Owner	Location	Created
user_xp_stg	EXTERNAL_TABLE	hadoop	hdfs://xx/dc/log/stg_db/user xx xtg/201x.05-24	2013-05-24 15:27:27
pb_xxme xxx xam_stg	MANAGED_TABLE	hadoop	hdfs://xx/user/hive/warehousx x x.db/pb_xamecxxx_stream_stg	2013-06-03 14:57:00
pb_xxmexxins_xream_mid	EXTERNAL_TABLE	hadoop	hdfs://xxx/dc/log/mid_db/pb_xm xoins_xream_xxd	2013-06-03 15:14:50
finisx_d_cxxxxxxy_stg	EXTERNAL_TABLE	hadoop	hdfs://xx/user/hive/warehoux x.dc x/frxxhed_gx xparty_stg	2013-06-04 11:48:04
finis_rd_cx xer_xty_uid_mid	EXTERNAL_TABLE	hadoop	hdfs://xx/dc/log/mid_db/finis_xd_game_xxty_uid_xmid	2013-06-04 16:41:53
user_xx_	EXTERNAL_TABLE	hadoop	hdfs://xx/dc/log/mid_db/use_xlim	2013-06-04 17:04:12
activx_ser_mixi	EXTERNAL_TABLE	hadoop	hdfs://xxx/dc/log/mid_db/actix_ux_mid	2013-06-04 18:04:02
bpix_xxxm_xxme_ver_map	EXTERNAL_TABLE	hadoop	hdfs://xx/dc/log/dim_db/bpixx xla_x rm_gamx_ver_xap	2013-06-05 15:22:46
pexxent_xxxxx_tmp	MANAGED_TABLE	hadoop	hdfs://x xx/user/hive/warehousx.xcxx /pxxent_new_xer_tmp	2013-06-08 14:38:33
pexxxxt_xxxx_xtg	EXTERNAL_TABLE	hadoop	hdfs://xxx/dc/log/stg_db/paymxxt_sxxxm_stg	2013-06-08 11:40:08

Showing 1 to 10 of 1,501 entries

Previous 【1】 2 3 4 5 ... 151 Next

图 7.26　Tables 模块

每一个表名都附带一个超链接，可以通过这个超链接查看该表的表结构。

4．Tasks 模块

Tasks 模块下所涉及的内容是 YARN 上的任务详情，包含的内容如下，如图 7.27 所示。

- ❑ All（所有任务）。
- ❑ Running（正在运行的任务）。
- ❑ Finished（已完成的任务）。
- ❑ Failed（已失败的任务）。
- ❑ Killed（已杀死的任务）。

5．Clients & Nodes 模块

Clients & Nodes 模块展示 Hive Clien 详情，以及 Hadoop DataNode 的详情，如图 7.28 所示。

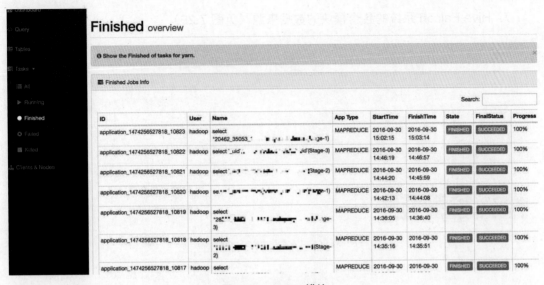

图 7.27　Tasks 模块

Hive Clients Info

ID	Host	Port	Status	Version
1	1⸴⸴ ᴴᴬᵛᴸ⸴ᴮᴼ	10000	Running	⸴⸴⸴

Hadoop Nodes Info

Node	Admin State	Capacity	Used	Non DFS Used	Remaining	Block pool used	Lastest Time
dn⸴⸴ ⸴⸴⸴⸴⸴⸴⸴ ᴵ ᴮⵓ ᴹ ⵓ⵾ⵓ ⵓⵓⵓ ᴷⵓ)	In Service	11000.60 GB	10259.17 GB	697.97 GB	43.46 GB	10259.17 GB (93.26%)	2016-09-30 15:22:43
dn01 ⸴⸴⸴⸴⸴⸴⸴ ᴵ ᴮⵓᵕ ⵓ⵾-ⵓ ⵓⵓⵓⵓ)	In Service	13750.79 GB	13052.13 GB	697.93 GB	0.73 GB	13052.13 GB (94.92%)	2016-09-30 15:22:42
dn0⸴ ⵓⵓⵓ⵾ⵓⵓ⵾⵾ᴵ ᴹ⵾ ⵓ⵾ ⵓ ⵓᴵᴮⵒ	In Service	22001.26 GB	17617.48 GB	1791.57 GB	2592.21 GB	17617.48 GB (80.07%)	2016-09-30 15:22:42
dn0⸴ ⵓⵓⵓ⵾ⵓⵓ⵾⵾ᴵ ᴹ⵾ ⵓⵓ⵾ⵓⵓ ⵓⵓⵓᴮ)	In Service	19251.11 GB	16310.13 GB	966.90 GB	1974.07 GB	16310.13 GB (84.72%)	2016-09-30 15:22:41
dn0⵾ ⵓⵓⵓ⵾ⵓⵓ⵾ⵓ ᴵ ᴮⵓ ᴹ ⵓ⵾ⵓ ⵓⵓⵓ ᴷⵓ)	In Service	27501.58 GB	19960.93 GB	1453.24 GB	6087.41 GB	19960.93 GB (72.58%)	2016-09-30 15:22:41
dn09.b⵾⵾⵾⵾⵾⵾ ᴵ ᴮⵓⵓ ⵓⵓ-⵾⵾⵾ ⵓⵓᴷⵓ)	In Service	30251.72 GB	21842.19 GB	1510.51 GB	6899.02 GB	21842.19 GB (72.20%)	2016-09-30 15:22:43
dn04.⵾ⵓ⵾⵾ⵓⵓ⵾⵾ᴵ ᴹ⵾ ⵓ⵾ ⵓ ⵓᴵᴮⵒ	In Service	16500.95 GB	15650.05 GB	833.15 GB	17.75 GB	15650.05 GB (94.84%)	2016-09-30 15:22:41

图 7.28　Clients & Nodes 模块

6. 脚本命令（见表 7.1）

表 7.1　Hive Falcon 脚本命令

	描　　　述
hf.sh start	启动 Hive Falcon
hf.sh status	查看 Hive Falcon
hf.sh stop	停止 Hive Falcon
hf.sh restart	重启 Hive Falcon
hf.sh stats	查看 Hive Falcon 在 Linux 系统中所占用的句柄数量

7．Hive Falcon 系统的各个模块的数据来源（见图 7.29）

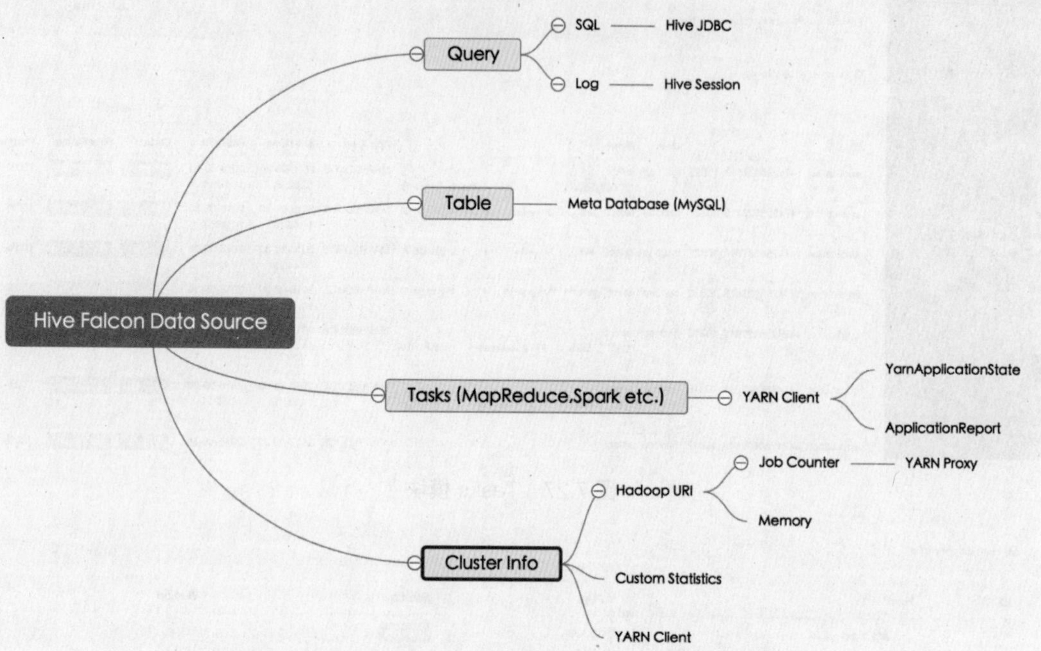

图 7.29　Hive Falcon 系统的各个模块的数据来源

更详细的使用文档可参考 https://hf.smartloli.org/。

7.3　统一日志监控系统 EKL

7.3.1　安装

1．简介

众所周知，大数据平台组件是很复杂的，仅平台组件就达 20 多个。这也带来了庞大的系统整合问题，对于运维来说是一件非常烦琐的事。

有人把运维工作比作医生给病人看病，那么日志则是病人对自己的陈述。所以只有在海量分布式日志系统中有效地提取关键信息，才能对症下药。如果能把这些日志集中管理，并提供全文检索功能，不仅可以提高诊断的效率，还可以起到实时系统监测、网络安全、事件管理和发现 bug 的作用。

ELK 是 Elasticsearch、Logstash、Kibana 的简称，这三者是核心套件，但并非全部。

（1）Elasticsearch 是实时全文搜索和分析引擎，提供收集、分析、存储数据三大功能；主要是由一套开放 REST 和 Java API 等结构提供高效搜索功能，是可扩展的分布式系统。它构建于 Apache Lucene 搜索引擎库之上。

（2）Logstash 是一个用来搜集、分析、过滤日志的工具。它支持几乎任何类型的日志，包括系统日志、错误日志和自定义应用程序日志。它可以从许多来源接收日志，这些来源包括 syslog、消息传递（如 RabbitMQ）和 JMX，它能够以多种方式输出数据，包括电子邮件、websockets 和 Elasticsearch。

（3）Kibana 是一个基于 Web 的图形界面，用于搜索、分析和可视化存储在 Elasticsearch 指标中的日志数据。它利用 Elasticsearch 的 REST 接口来检索数据，不仅允许用户创建自己数据的定制仪表板视图，还允许他们以特殊的方式查询和过滤数据。

2. 配置 ELK yum 源

```
vi /etc/yum.repo.d/ELK.repo
name=ELK-Elasticstack
baseurl=https://mirrors.tuna.tsinghua.edu.cn/elasticstack/yum/elastic-6.x/
gpgcheck=0
enabled=1
```

3. 安装 Elasticsearch

安装 Elasticsearch，如图 7.30 所示。

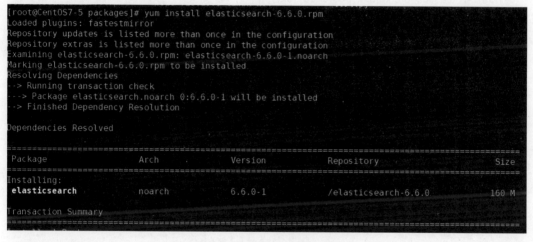

图 7.30　安装 Elasticsearch

4. 修改配置文件

（1）修改系统配置文件。

```
vi /etc/security/limits.conf
elasticsearch soft memlock unlimited
elasticsearch hard memlock unlimited
elasticsearch soft nofile 65536
elasticsearch hard nofile 131072
```

（2）修改集群配置文件。

```
vi /etc/elasticsearch/elasticsearch.yml
cluster.name: els                         #节点名称
node.name: els-1                          #数据存放路径
path.data: /data/els_data                 #日志存放路径
```

```
path.logs: /data/log/els                            #锁定 jvm.options 指定的内存，不交换 swap 内存
bootstrap.memory_lock: true                         #绑定 IP 地址
network.host: 172.16.1.49                            #端口号
http.port: 9200
discovery.zen.ping.unicast.hosts: ["host1", "host2"]   #绑定 ip 地址
```

（3）指定占用内存大小。

```
vim /etc/elasticsearch/jvm.options
-Xms1g                                              #两个数字要一致，都是 1g
-Xmx1g
```

（4）创建数据目录。

```
mkdir /data/els_data
mkdir /data/log/els
chown -R elasticsearch.elasticsearch /data/els_data
chown -R elasticsearch.elasticsearch /data/log/els
```

5．启动 elasticsearch

```
systemctl start elasticsearch
```

启动成功后，访问 hadoop1:9200。

```
{
  "name": "els-1",
  "cluster_name" : "elk",
  "cluster_uuid":"INcrjPrXTA2JpWkoFJXiig",
  "version":{
    "number" : "6.6.0",
    "build_flavor" : "default",
    "build_type": "rpm",
    "build_hash":"a9861f4",
    "build_date":"2019-01-24T11:27:09.439740Z",
    "build_snapshot":false,
    "lucene_version": "7.6.0",
    "minimum_wire_compatibility_version":"5.6.0",
    "minimum_index_compatibility_version":"5.0.0"
  },
  "tagline": "You Know, for Search"
}
```

Elasticsearch API 如下所示。

集群状态：http:// 172.16.1.100:9200/_cluster/health?pretty。

节点状态：http:// 172.16.1.100:9200/_nodes/process?pretty。

分片状态：http:// 172.16.1.100:9200/_cat/shards。

索引分片存储信息：http:// 172.16.1.100:9200/index/_shard_stores?pretty。

索引状态：http:// 172.16.1.100:9200/index/_stats?pretty。

索引元数据：http:// 172.16.1.100:9200/index?pretty。

6．部署 Kibana

（1）安装 Kibana，如图 7.31 所示。

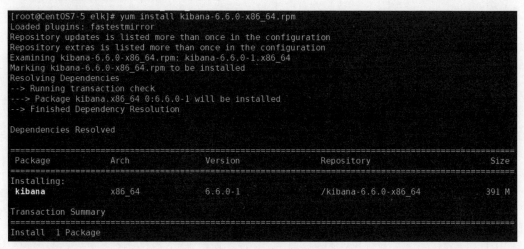

```
[root@CentOS7-5 elk]# yum install kibana-6.6.0-x86_64.rpm
Loaded plugins: fastestmirror
Repository updates is listed more than once in the configuration
Repository extras is listed more than once in the configuration
Examining kibana-6.6.0-x86_64.rpm: kibana-6.6.0-1.x86_64
Marking kibana-6.6.0-x86_64.rpm to be installed
Resolving Dependencies
--> Running transaction check
---> Package kibana.x86_64 0:6.6.0-1 will be installed
--> Finished Dependency Resolution

Dependencies Resolved

================================================================================
 Package          Arch            Version              Repository         Size
================================================================================
Installing:
 kibana           x86_64          6.6.0-1              /kibana-6.6.0-x86_64   391 M

Transaction Summary
================================================================================
Install  1 Package
```

图 7.31　安装 Kibana

（2）配置 Kibana。

```
vi /etc/kibana/kibana.yml
server.port: 5601
server.host: "172.16.1.50"
elasticsearch.url: "http://172.16.1.49:9200"
kibana.index: ".kibana"
logging.dest: /data/log/kibana/kibana.log        #配置 Kibana 日志输出的位置
```

（3）创建日志目录文件。

```
mkdir -p /data/log/kibana/
touch /data/log/kibana/kibana.log
chmod o+rw/data/log/kibana/kibana.log
```

（4）查看版本号。

```
rpm -qa elasticsearch kibana
```

如果版本号一模一样，就多刷新几次页面。

启动成功后，可以看到如图 7.32 所示界面。

7．部署 Logstash

（1）安装 Logstash。

```
yum install logstash-"Version"
```

（2）修改配置文件。

```
http.host: "172.16.1.229"
http.port: 9600-9700
```

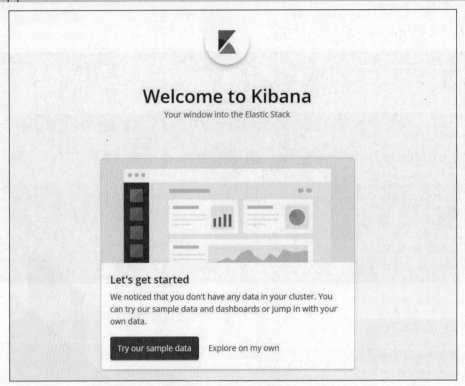

图 7.32　Kibana 界面

（3）配置收集 nginx 日志配置文件。

```
access_log /var/log/nginx/access_test.log
```

（4）配置 Lostash，收集日志配置文件。

```
input {
        file {
                type =>"nginx-log"
                path => ["/var/log/nginx/access.log"]
                start_position => "beginning"
                sincedb_path => "/dev/null"
                }
}

output {
        elasticsearch {
                hosts => ["172.16.1.49:9200"]
                index => "nginx-log-%{+YYYY.MM}"
        }
}
```

（5）测试配置文件可用性。

```
cd /usr/share/logstash/bin
./logstash --path.settings /etc/logstash/ -f /etc/logstash/conf.d/nginx.conf
```

8. 部署 filebeat

Logstash 的数据都是从 Beats 中获取的，Logstash 已经不需要自己去数据源中获取数据了。以前使用的日志采集工具是 logstash，但是 logstash 占用的资源比较大，没有 beats 轻量，所以官方也推荐使用 beats 来作为日志采集工具。而且 beats 可扩展，支持自定义构建。

（1）安装 filebeat。

```
yum install filebeat-6.6.0
```

（2）修改 filebeat 配置文件。

```
vi /etc/filebeat/filebeat.yml
- type: log
    paths:
        - /Log_File #/var/log/messages
        #output.elasticsearch:    #注释掉输出到 elasticsearch 的配置
    #hosts: ["localhost:9200"]
output.console:    #添加输出到当前终端的配置
    enable: true
```

（3）测试 filebeat。

```
/usr/share/filebeat/bin/filebeat -c/etc/filebeat/filebeat.yml
```

可以看见日志输出到当前终端。

（4）修改配置，将日志输出到 Elasticsearch 中。

```
- type: log
    paths:
        - /Log_File #/var/log/messages
output.elasticsearch:    #注释掉输出到 Elasticsearch 的配置
    hosts: ["172.16.1.49:9200"]
```

（5）启动。

```
filebeat systemctl start filebeat
```

运行 curl '172.16.1.49:9200/_cat/indices?v'，查看日志索引，如图 7.33 所示。

图 7.33　查看日志索引

7.3.2　使用

ELK 组件各个功能模块如图 7.34 所示，它运行于分布式系统之上，通过搜集、过滤、传输、储存，对海量系统和组件日志进行集中管理和准实时搜索、分析，使用搜索、监控、事件消息和报表等简单易用的功能，帮助运维人员进行线上业务的准实时监控，业务异常时及时定位原因、排除故障，程序研发时跟踪分析 bug，业务趋势分析，安全与合规审计，深度挖掘日志的大数据价值。同时，Elasticsearch 提供多种 API（REST Java Python 等 API）供扩展开发，以满足用户的不同需求。

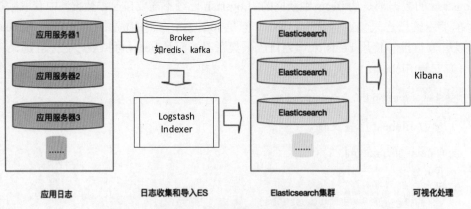

图 7.34　ELK 组件各个功能模块

1. 在 Kibana 中配置索引

在 Kibana 中配置索引如图 7.35～图 7.38 所示。

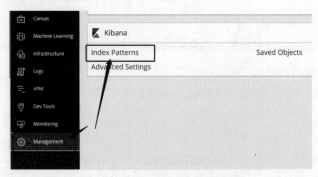

图 7.35　在 Kibana 中配置索引

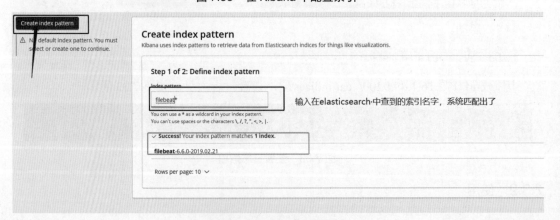

图 7.36　输入索引名字

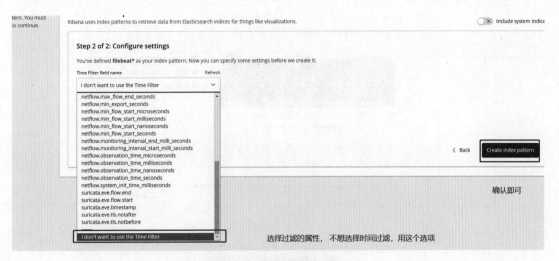

图 7.37　选择过滤的属性

图 7.38　查看日志

2. ELK 对 Spark Task 监控

（1）ELK 对 Spark 集群 CPU 的监控，如图 7.39 所示。
（2）ELK 对 Spark 集群内存的监控，如图 7.40 所示。
（3）ELK 对 Spark 集群网络的监控，如图 7.41 所示。
（4）ELK 对 Spark 集群磁盘的监控，如图 7.42 所示。
（5）ELK 对 Spark 集群节点的监控，如图 7.43 所示。

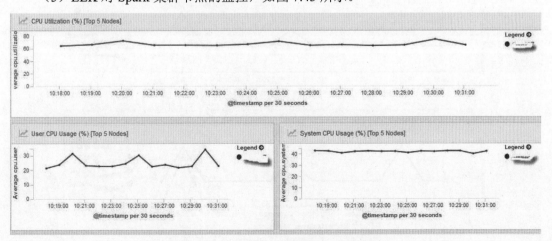

图 7.39　ELK 对 Spark 集群 CPU 的监控

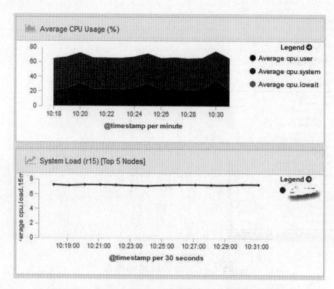

图 7.39　ELK 对 Spark 集群 CPU 的监控（续）

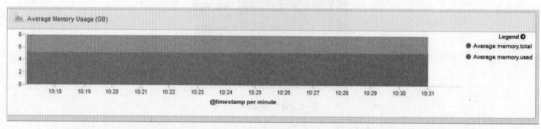

图 7.40　ELK 对 Spark 集群内存的监控

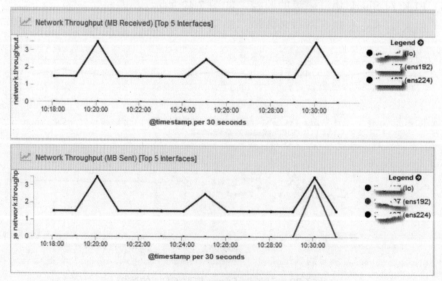

图 7.41　ELK 对 Spark 集群网络的监控

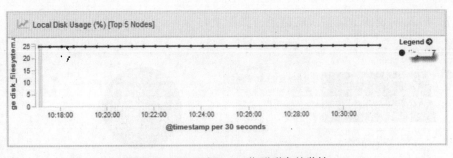

图 7.42　ELK 对 Spark 集群磁盘的监控

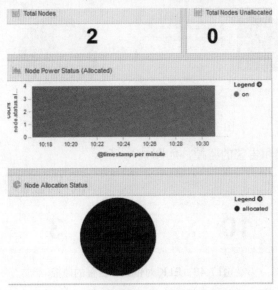

图 7.43　ELK 对 Spark 集群节点的监控

（6）ELK 对 Task 的监控，如图 7.44 所示。

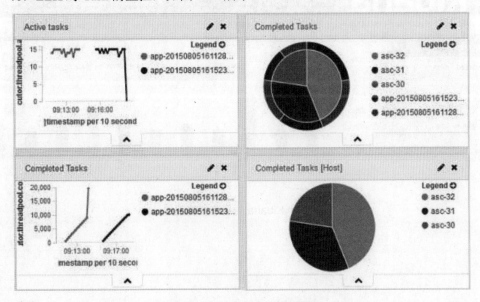

图 7.44　ELK 对 Task 的监控

（7）ELK 对资源分配情况的监控，如图 7.45 所示。

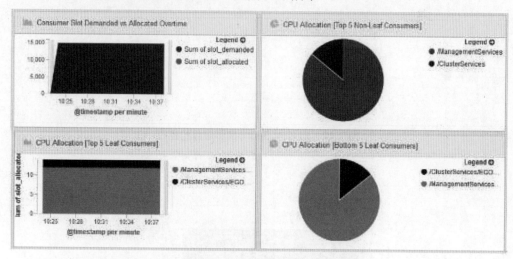

图 7.45　ELK 对资源分配情况的监控

（8）ELK 对错误和告警的监控，如图 7.46 所示。

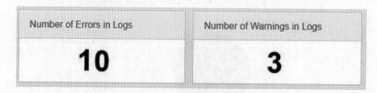

图 7.46　ELK 对错误和告警的监控

3．Kibana 对日志的检索统计（见图 7.47）

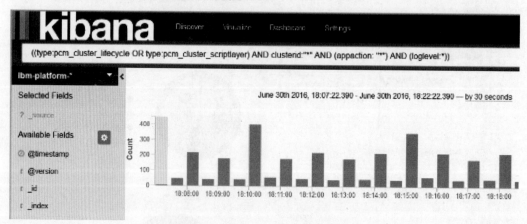

图 7.47　Kibana 对日志的检索统计

参 考 文 献

[1] 新华三技术有限公司. 大数据平台运维（初级）[M]. 北京：电子工业出版社，2020.

[2] 刘鹏，张燕、姜才康，等. 大数据系统运维[M]. 北京：清华大学出版社，2018.

[3] 刘庆生，陈位妮. 大数据平台搭建与运维[M]. 北京：机械工业出版社，2021.

[4] 程小丹，等. 从运维菜鸟到大咖，你还有多远 II：企业数据中心建设及管理[M]. 北京：电子工业出版社，2020.

[5] 新华三技术有限公司. 大数据平台运维职业技能等级标准[N/OL]. 百度文库[2021-05-14]. https://wenku.baidu.com/view/313d3ff92bea81c758f5f61fb7360b4c2e3f2ab7.html.

[6] 脚丫先生. 大数据平台运维总结[N/OL]. CSDN[2021-03-03]. https://blog.csdn.net/shujuelin/article/details/120436148

[7] 宋立桓，陈建平. Cloudera Hadoop 大数据平台实战指南[M]. 北京：清华大学出版社，2019.

[8] 牛搞. Hadoop 3 大数据技术快速入门[M]. 北京：清华大学出版社，2020.

[9] 郑江宇，许晋雄. 大数应据用：成为大数据电子商务高手[M]. 北京：清华大学出版社，2020.

附录 A

Web 监控端口

（1）HDFS 页面：50070。

（2）YARN 的管理界面：8088。

（3）HistoryServer 的管理界面：19888。

（4）Zookeeper 的服务端口号：2181。

（5）MySQL 的服务端口号：3306。

（6）Hive.server1=10000。

（7）Kafka 的服务端口号：9092。

（8）azkaban 界面：8443。

（9）HBase 界面：16010,60010。

（10）Spark 的界面：8080。

（11）Spark 的 URL：7077。

（12）50075 端口，查看 DataNode。

（13）50090 端口，查看 SecondaryNameNode。

（14）50030 端口，查看 JobTracker 状态。

（15）50060 端口，查看 TaskTracker。

附录 B

大数据平台运维任务

1. HDFS 运维

1）容量管理

（1）HDFS 空间使用超过 80%要警惕，如果是多租户环境，租户的配额空间也能用完。

（2）熟悉 hdfs、fsck、distcp 等常用命令，会使用 DataNode 均衡器。

2）进程管理

（1）NameNode 的进程是重点。

（2）熟悉 dfsadmin 等 Ingles。

（3）怎么做 NameNode 高可用。

3）故障管理

Hadoop 最常见的故障就是硬盘损坏。

4）配置管理

hdfs-site.xml 中的参数设置。

2. MapReduce 运维

1）进程管理

（1）JobTracker 进程故障概率比较低，有问题可以通过重启解决。

（2）了解 HA 的做法。

2）配置管理

mapred-site.xml 中的参数设置。

3. YARN 运维

1）故障管理

主要是当任务异常中止时看日志排查，通查故障原因一般会集中在资源问题，权限问题两种问题中的一种。

2）进程管理

ResourceManager，主要是学会配置 HA。

NodeManager 进程挂掉不重要，重启即可。

3）配置管理

yarn-site.xml 中的参数设置，主要分 3 块配置：Scheduler 的配置、ResourceManager 的配置和 NodeManager 的配置。

4. 组件运维

根据组件用途、特性、关注点的不同，运维工作也各不相同。

（1）HBase 关注读写性能、服务的可用性。

（2）Kafka 关注吞吐量、负载均衡、消息不丢机制。

（3）Flume 关注吞吐量、故障后的快速恢复。

附录 C

大数据运维三十六计

1. 确保稳定篇

第一计：数据是大数据之本，宁可停止服务也不可丢数据（数据不能丢）。

https://blog.csdn.net/jiao_fuyou/article/details/15500765

第二计：不可关闭数据平台回收站功能，任何删除都要默认进回收站，切勿偷懒跳过。机器或者数据下线一定要有静默期（删除要小心）。

第三计：重要数据要有异地灾备，仅同城是不够的（防止数据中心崩溃）。

https://blog.csdn.net/TM6zNf87MDG7Bo/article/details/82504648

第四计：所有配置里的密钥都要加密存储，关注平台安全（安全意识）。

https://netsecurity.51cto.com/art/201905/595933.htm

第五计：大数据平台的控制服务要有机房间切换能力，以加快故障恢复速度（类似第三计，防止服务器崩溃）。

第六计：大规模系统发布一定要分级恢复。

第七计：多租户系统的 quota 限制和隔离技术是关键。

https://blog.csdn.net/FL63Zv9Zou86950w/article/details/104013135

第八计：要有很好的各维度 TOP N 资源占用情况实时分析能力。

https://blog.csdn.net/l1394049664/article/details/81836333

第九计：平台运行 SLI 要对用户透明，避免用户经常怀疑是否是平台有问题（内部免密）。

第十计：平台问题要第一时间公告给用户。

第十一计：大数据存储瓶颈除了容量，文件数也是一个问题。

第十二计：离线作业要有基线关键路径产出时间预测系统，提前预警；否则没有足够时间重新运行。

第十三计：实时计算链路长，延时敏感，要有各阶段的详细监控指标，方便问题定位（阶段考核，迭代，进度条）。

第十四计：实时计算要注意关键节点实时监测。

第十五计：实时计算布局规划上要贴近数据源。

第十六计：实时计算重要业务要通过双链路灾备保证业务稳定性（Kafka）。

第十七计：大规模计算平台至少要能容忍单机故障，否则不要让它上线（可靠性是集群第一要务）。

第十八计：大数据平台要有服务迁移能力，因为终有一天机房会容不下。

第十九计：大数据平台流量大，共享网络一定要有 QoS 隔离，否则将成为众矢之的。

第二十计：大数据平台是"电老虎"，注意上架密度。

第二十一计：业务规划要提前和机房对齐，否则 IDC 建设和供应链都很难满足（数据要为业务服务）。

第二十二计：用户的突增需求要提前收集，避免资源不足（并发度问题）。

第二十三计：多 Master 的物理分布要满足不同机架和交换机要求（子集群要分散）。

2. 控制成本篇

第二十四计：密切关注集群的利用效率，优化一个点都很重要。

第二十五计：按照波峰、波谷区别定价，引导用户合理提交任务（分散应用）。

第二十六计：建立作业和存储健康分模型，引导用户做资源优化。

第二十七计：在业务低峰期适合运行一些系统任务。

第二十八计：离在线混布可以节省不少资源，但隔离能力是关键（离线，在线混合）。

第二十九计：存储计算分离架构可以扩大分布范围。

第三十计：存储需求要预测准，计算资源还可以挤挤（负载均衡）。

第三十一计：要储备计算换存储或者存储换计算应急方案，解决临时资源缺口（应急备选，类似灰度发布）。

第三十二计：规模大、压力大，要时刻关注硬件和网络发展，尽快获得科技红利。

第三十三计：硬件资源的配比要有预见性。

3. 提升效率篇

第三十四计：大规模和小规模场景不是量的变化，而是质的差异，一定要做好自动化。

第三十五计：自动化工具是生存之本，也是危险根源，一定要有严格的测试。

第三十六计：要善于利用大数据运维大数据，运维数据的积累和分析很关键。